まえがき——文庫本化にあたって

本書は二〇一八年六月発刊（『海軍カレー伝説』）[illegible]を文庫本化したものである。

初版出版から約四年半が経過し、このたびの文庫本[illegible]好機と受け止め、文庫本として読みやすい配慮をしたつもりである。さいわ[illegible]からの反響も多く、カレーを売る飲食店等からの質問や確認も寄せられ、著[illegible]なった。

カレー（一般的日本式カレーのこと）ほど単一的料理[illegible]実際は多様で、しかもどれもがおいしい料理はないのではないかと思うよう[illegible]込みご飯にも具材によってかなり違うものができるが、その点カレーは具材[illegible]食材の種類はもちろん、具材の切り方・炒め方、スパイスの配合割合、とろみの付け具合、追加薬味（スパイス、チャツネなど）の違いによって味が違ってくる。個人的好みもあって選択する楽しみもある料理である。

現在、日本国内で食べられている多くのカレーは日本で発展した料理であることを思えば、日本の自慢料理と思うことだってできる。不思議な料理である。

カレーを深く研究するうちに強く感じるようになったのは、カレーの持つ健康食としての価値である。

私は栄養学者ではないが、若いときに専門教育を受け、卒業後に短い期間ではあったが著名な栄養学者として知られた専門学校創始者の佐伯矩《さいきただす》博士に仕え、昭和初期に海軍が先んじて栄養学を導入し、優秀な下士官たちを同校に教育委託していたことなども聴いた。海上自衛隊に入ったのも海軍への興味があったからともいえる。

海上自衛隊では江田島の幹部候補生学校に入校したあとは幹部自衛官としてロジスティクス部門の幹部自衛官（昔の主計科士官）として経歴管理されたが、ときどき隊員の食事管理にかかわる責任配置も体験した。

四十歳代前期に一念発起して管理栄養士資格も取得し、著作や講演等を通じて正しい栄養知識の普及にも努め、みずからも実践栄養学とでもいえる健康的食生活を心掛けてきた。

無料栄養相談応需もしている。ときどきアメリカからのダイエット相談もある。対応は簡単で、日本食のすすめ、とくに日本式カレーライスを紹介してレシピを送ることもある。

あるとき（狩猟期）アメリカ南部の人から、「鹿が獲れたのでヴェヌスン（鹿肉）カレーをした。冷凍ストックしたのでクリスマスまで四十回以上つくって食べる」とメールがあった。鹿肉カレーの数種のレシピを送ってあげた。アメリカでも〝フライデーカレー〟が流行するかもしれない。

文庫本化された本書は旧作の単行本と内容的違いはない。精読してもらえば、咀嚼《そしゃく》するカレーのように深い味を感じてもらえるかもしれない。カレーを構成する各スパイスの成分を見ればカレーライスは健康に悪いはずはない。悪いとすれば食い過ぎだけである。私の常食は一日平均一八〇〇～一七〇〇キロカロリーで、適度のビタミン、カルシウム摂取を忘れないようにしている。

二〇二二年十月

著者

序文——海軍カレーの伝説と真実を探る

海軍——旧海軍あるいは日本帝国海軍と言ったほうが正しく、明治五年に創設され、大東亜戦争の終焉とともに消滅した日本海軍のことであるが——三十五年ほど前から日本海軍の料理が注目されるようになってきた。

その理由はいくつか考えられるが、最も有力な背景は昭和四十年代後半から経済成長が安定に向かい、食生活も豊かになり、食事に対する関心が高まってきたころ、テレビを中心にしたメディアが海軍食をテーマにした報道等によって海軍文化への関心が高まったことにありそうである。「海軍肉じゃが」が登場するのも海軍料理に輪をかけた。「海軍肉じゃが」が安定した地位を占めかけるころ（昭和六十年代半ば）になると、「海軍肉じゃが」に続いて「カレーの素」の商品開発の進歩と並行して海軍カレーへの関心が高まってきた。市販品の「カレーの素」を海上自衛隊の部隊がうまく活用し、海軍での教育の伝統を継いで食事を担当する給養職域の隊員たちが競い合い人気のあるカレーをつぎつぎとつくりだしたことが国民の間に知られるようになった。

そしていつの間にか「海軍カレー」なるものが誕生し、あれよあれよという間にいくつかの海軍カレー伝説ができてしまった。話は伝説だけで終わらず、町興《おこ》しや飲食店経営者の間で「海軍カレー」と銘打ったカレーライスがつくられるようになった。

なかには海軍の歴史まで捏造《ねつぞう》するような伝説までつくられるようになって、海軍史研究者としては黙って見過ごせない話までできたりした。

「金曜カレー」と言って、「海の上で生活する海軍では曜日を明確にするために毎週金曜日の昼食はカレーだった」という話など、捏造もいいところ、ウィークエンドが金曜日ではなかった時代なのに「週末はカレーを食べて上陸するのが海軍水兵たちの厳しい勤務のうるおいだった」などと伝えられたりすると海軍史そのものまで変わってくる。

そういう珍説の横行に気づいていた高級幹部もいた。佐久間《さくま》一《まこと》元統合幕僚長で、二〇一二年の海上自衛隊創設六十周年記念行事の祝賀式に招かれた佐久間海将は海軍の伝統の大切さを説くとともに、つぎのような訓話を現役隊員たちに呈した。佐久間氏（昭和十年三月生まれ）は防衛大学校一期生で、海上幕僚長も務め、隊員から敬服を集めた人だけに式典での訴えは印象的だった。

「海上自衛隊は伝統を重んじると言われます。伝統は私たちに勇気と安心感を与えてくれます。一方、伝統はそれを妄信すると単なる弊習と化し、弊害を招くことになります。卑近な例ですが、海上自衛隊の金曜日の昼食の献立がカレーライスであるのは海軍以来伝えられてきたのだという話がありますが、それは事実と異なっています。我々が入隊したころは、一週間の区切りとして土曜日にカレーライスを食べて上陸するということはありましたが、後年の週休二日制の採用時期と重ねると海軍の伝統ともいえないのです……（後略）」

この翌年、渋谷の東郷神社神域内にある公益財団法人水交会本部で佐久間氏と寸時話をする機会があったので、前記の祝賀式で引用のあった「金曜カレー」の話をした。佐久間氏は微笑みながら「あれねェ……」と何か言いかけられたが、大事な行事直前だったのでそれで終わった。

その九ヵ月後に佐久間氏は亡くなられ、同じ水交会本部でのお別れ会に私も参加した。「あれねェ……」のあとは、多分、祝辞のとおり「海軍の伝統を正しく伝えといて」というご希望だったのだろうと勝手に想像している。

数年前からようやく「海軍カレー」（海軍当時の標準的カレー）と「海自カレー」（海上自衛隊艦艇のカレーの俗称）の区別が一般に認識されるようになってきた。

本書はタイトルを「海軍カレー伝説」として現在巷間に流布されることの多い伝説の間違いを紹介しながら、今や日本の国民食ともいえるカレーについて食文化と健康食としての価値をいろいろな角度から書いたものである。当然、カレーあるいはスパイス類の人類とのかかわりの歴史からふれてあり、そのなかで日本海軍のカレーとの取り組み、時代が変わった海上自衛隊時代の健康的でうまいカレーはどのようにしてつくられているのか、その実態を紹介しながら読者の食生活にも役立つような内容を盛り込んだ。

なお、本書で「カレー」とあるのは、特別な記載がないかぎり現在の一般的な日本式カレーライスを差すので読者のご了解を得ておきたい。

筆者注・初版本（単行本 二〇一八年六月発行）の同書「まえがき」から抜粋

海軍カレー物語——目次

まえがき——文庫本化にあたって　3

序文——海軍カレーの伝説と真実を探る　7

第一章　戦艦大和のカレイライス

戦艦大和ではどんなカレーを？……16
海軍でのカレーづくりはいつから？……30
陸海軍兵食としてのカレーライスの番付け……36
陸軍にも明治のカレーレシピがあった？……47

第二章　「海軍カレー」いくつかの伝説

カレーも発祥は海軍？……51
〝海軍カレー〟はイギリスからの直輸入？……63
金曜日はきまってカレーだった？……76
カレーは曜日識別メニュー？……90
海上自衛隊のカレーは海軍からの伝承？……94

第三章　カレーの予備知識として

アメリカ南部のケイジャン、クレオール料理……104

カレー粉とは……111
野菜は、じゃがいも、にんじん、玉ねぎが三種の神器……123
玉ねぎではなく、長ネギが使われたわけ……130
赤ガエルを入れる明治時代のカレーレシピ……132
カレーの動物性たんぱく質具材のこと……136
アメリカ人と近年のカレー志向……144
ライスカレーか、カレーライスか……146
カレーについての予備知識のまとめ……149

第四章　海軍ではこうしてカレーをつくっていた

海軍の最古料理教科書によるカレーのレシピ……157
陸軍と作り方に違いがあるのか……168
海軍主計科士官、主計科員のいくつかの証言……171
カレー粉はどこから手に入れた？……172
満蒙牛の買い付けに忙しい軍需部主計科士官……174
ジャワで手当たり次第スパイスを購入……177
海軍メシの管理者としての主計科士官……178
カレーの日は緊張した——元主計科員の証言①……184
「塩が安いナ」上司のこのひと言は重大——元主計科員の証言②……190

『海の男の艦隊料理』によるカレーライス・レシピ……197
戦艦大和風カレイライスの復刻……202
海軍料理〝ほんまもん〟への舞鶴市の新たな取り組み……211

第五章　これからのカレー…海軍的思考と私見を交えて

学校給食時代のカレー……213
健康食としてのカレー…栄養的分析……219
カレーの素に頼りすぎるホームメイドカレー……226
カレーの素（カレールウ）の減塩を……232
ひと工夫でさらに広まるカレー料理――連合艦隊の工夫の数々……242

第六章　〝海自カレー〟の歴史

海上自衛隊草創期の部隊給食……248
海上部隊の食器〝テッパン〟採用と基本献立をめぐる知恵の出し合い……254
海自カレー、誕生の背景のことなど……258

あとがき　263

海軍カレー物語

第一章　戦艦大和のカレイライス

⚓戦艦大和ではどんなカレーを？

二〇一四年十一月五日にNHKBSチャンネルで『戦艦大和のカレイライス』というドラマが放送された。NHK広島放送局が制作した約一時間の番組で、全国ネットだったので視聴者も多かったと想像できる。

とはいっても八年以上も前のこと、ストーリーを掘り返してここで書いてもあまり意味はないが、私自身いい勉強になったのでドラマづくりに協力（海軍料理、海軍習慣等の監修）した立場で書いておきたいことがある。

大橋守ディレクター以下スタッフ数名が来宅して海軍習慣などについての相談を受けたとき、カレーライスをとくに〝カレイライス〟としてシナリオづくりが進んでいることを知り、なんとなく嬉しくなり、協力に同意した経緯がある。

「なんとなく」というのは、いまでは一般的に「カレーライス」というが、海軍では昔「カレイライス」と言っていた時期があり、スタッフがそれを知って番組のタイトルにしようとしていたことが察せられたからだった。

もっとも「カレイライス」は海軍独特の呼称ではなく、カレーの歴史でわかるように明治時代初期に日本ではそのようにも称していた時期があって、海軍もそれに追随しただけのようである。しかし、昭和になっても〝カレイライス〟の呼称にこだわる主計兵がいたのを思い出したからである。その人（昭和十六年に横須賀海兵団入隊）は海軍のとき先輩に教わったと言っていたが、その先輩といえば明治後期に海軍に入った人だったのかもしれないと、つじつまが合うので勝手な想像である。「ライスカレー」という言い方も由来の中にあるが、それはこれからの文中のどこかで取り上げることにする。

泊まって
いきんさいヨ…
よーし、もうこうなったら
After field mountain ダ！
テレテレ
センス・オブ・ユーモアか、ただのダジャレか…海軍式英語

海軍ではやたらに用語を簡略化したり、遠回しに隠語めいた言葉をつくるところがあって、たとえば「レス」といえば料亭のことで、由来は「レストラン」からきている。駄洒落めいたデタラメ英語もあって、「アフター・フィールド・マウンテン」は「あとは野となれ山となれ」で、士官が料亭で芸妓に〝手荒く〟（これも海軍用語で、「めっぽう」とか「えらく」の意）気に入られ、遊びすぎて、「もうど

うなろうと知ったことか」、という場合の捨てゼリフや開き直りに使ったりしたようだ。この手の英語（?）なら私にだってつくれる。「ゴー・アンド・ヒット・ダウン……行き当たりばったり」のつもりである。

調理関係者（烹炊員と称した）の間では「本日の献立」の黒板に、米偏に林と書いてハヤシライスと読ませたりした。この手でいけば、カレーは米偏に「カ」とか「加」を右に添えれば「カレーライス」、「鳥」にすれば「チキンライス」と読めないこともないが、資料として残っているのは林ライスだけである。

反面、もったいぶった用語を使うという風習も一面にあった。「三十センチ砲」なども、ことさら（?）明治時代風に「三十サンチ砲」というような言い方をした。料理では「カレイライス」がそのたぐいで、オレがつくるのは普通のカレーとはちょっと違うという自負や気負いがあって昭和期でも古いネーミングを使う烹炊員長がいたのだろうと私なりに解釈し

一口メモ　海軍教科書ではサラダは「サラド」となっている（昭和七年三月発行『海軍研究調理献立集』）。もちろん「サラダ」でも通じた。これも明治時代に倣《なら》った少し気どった言い方かもしれない。皇室ではいまも「サラド」というようだ。英語発音はこちらが近い。メニューには「スカンブレースドエッグス」と書いてある。スクランブルエッグだが、エッグスとなっているのは、欧米人は一人分に卵を基本的に二個使うからである。

ている。そういう背景を知ってNHKのディレクターが使ってくれたのが嬉しかったという理由である。

講釈めいたことを書いたが、これからの海軍料理の本筋に入る前に、読者にどうしても知っておいてもらいたいのでくどいようなことを先に書いた。折りにふれて海軍の習慣なども書いていきたい。

テレビの台本づくりではスタッフから当然、当時の海軍のカレーがどんなものだったか尋ねられた。「戦艦大和でのカレーのレシピはもとより残されたものはなく、海軍の料理教科書には民間の料理書と同じのありきたりの料理法が書いてあるだけです。だいたい、海軍には部隊固有の紙に書いたレシピというのはないのです。料理によっては秘伝のようなものはあっても経理学校の教科書の応用というだけですから」と答えると、スタッフもちょっとがっかりした表情だった。

「でも、私が海上自衛隊に入ったころ（注：昭和三十年代後半）にはまだ海軍の主計兵や下士官出身者がけっこういて、調理室（当時は烹炊所と称した）で先輩から習ったことはよく覚えていたようで、そういう人たちの話からカレーの作り方を類推することはできます」

と言うと拙宅まで来た甲斐があったという表情になった。

「よく覚えていた」というのは、当時の海軍式教育法というのはかなり手あらで、絵に描いたような徒弟式。何かというとすぐぶん殴るというやりかただったらしい。その様相は、戦艦霧島の主計兵だった高橋孟氏（元神戸新聞社記者）の『海軍めしたき物語』（一九七九年、新潮社刊）にくわしい。著者の軽妙な文章と漫画でよく理解できる。

徒弟式教育はほかの専門分野でも同じで、いまでは賛同できないにしても、そういう教え方はよく身に付くというメリットはたしかにある。むかしの職人が大体そうだった。

航空隊の滑走路周辺の除草作業は大事な週課のひとつだった。朝礼の後、総員で滑走路へ行くが、下級兵は作業にかかる前に作業担当班長から「滑走路往復！　駆け足！」と命令がかかる。本命の草むしりを前にして意味のない二キロ以上の駆け足にブツブツは言うが、除草作業はかえってはかどるのが事実だったと、昭和三十五年だったが、主計兵上がりの小村壽夫二等海尉という逗子に住む人から聞いたことがある。

「お嬢さんのママゴトじゃないんだ！　やたらに小さく切るな」

「煮えやすい野菜はあとから入れろ」

「塩は安いからと言ってたくさん入れるな」

「野菜くずはそのまま捨てずにスープに使え」

こんな話を主計兵だったほかの数人から聞いた。鹿屋の航空隊にいたという人からは、粉吹芋をつくるとき、ジャガイモの煮え具合をみるには、釜の中の一個を床に投げつけてみればよくわかる、跳ね返れば「まだ」、ベタッと床にくっつくようで煮すぎ、と教わったとも言っていた。私は護衛艦の補給長のとき、以前聞いた話を思い出して調理室でそれをやってみた。たしかに聞いたとおりだった。跳ね返り具合がやや緩慢なくらいが粉吹芋やポテトサラダには丁度《ちょうど》いいことがわかった。合理的なのか科学的なのかわからないが、たしかに海軍の教え方は理にかなっている。料理の知恵というのは家庭料理でもたくさんあるが、海軍らしいやりかたではある。

上司が、ちょっと煮物の味をみて、ポツリと「シオが安いな……」というときは塩の入れすぎの意味で、そのポツリが恐怖の一言、そのあと静かではすまなかったと『海軍めしたき物語』にもある。「薄味からはじめろ」というのは料理の基本にかなっている。

戦艦大和独特のカレーレシピはないとは言っても、海軍のフネの中で食べていた食材や料理法はあるていど察しがつく。海兵団や経理学校で使っていた料理教科書ならさいわい残っているので、戦争末期（大和の就役は昭和十六年十二月十六日で、沈没は二十年四月七日）の食料事情などをもとに「こういうものだったのでは」とスタッフに説明した。テレビ番組なので放送されても画面には味もにおいも出ないが、そこがさすがＮＨＫ。かなり研究し、カレーの専門家にも聞いたようだ。

カレーオタクというのは日本全国に多い。オタクとは、詳しいとか知識人とかマニアとか研究者とはすこし距離を置いた、いわば「一家言持った人」という意味であるが、こういう

レシピ／粉吹芋　大きく切ったジャガイモを茹《ゆ》でて、塩胡椒《こしょう》し、ザルに上げて手早く上下にあおるとジャガイモの表面が粉を吹いたようになる。それだけの、手間のかからない付け合わせ一品だが、海軍ではジャガイモは保存が利くこともあり、よくつくられた。

人も油断ならない。なにしろ自論を持っているから「そうじゃない！」と言い出されると始末におえない（？）こともあるからだ。カレーはそのくらい、いまでは国民食になっているということでもある。

カレー研究部や研究会というのがある大学もあるようで、京大カレー部部長が書いた『京大カレー部・スパイス活動』という本もある（二〇一七年四月、世界文化社刊）。色のついたイラストがいっぱいあって面白い。京大生が京料理研究ではなく、カレーに取り組むのが面白い。もっとも京都といっても学生たちが普段食べる手軽な食事（「普段食べ」というらしい）にはラーメン、餃子（王将が有名）やカレーにもうまい店があって、河原町などはＢ級グルメの穴場と見える。京大学生ともなればカレー研究も程度が高いかもしれない。

食文化史研究者は当然カレーにも詳しい。そういう人の研究書はしっかりした裏付けがあるから大事である。その中には昨今の〝海軍カレー〟にふれた箇所もあるので、それはつぎの項『「海軍カレー」いくつかの伝説』で紹介する。

ＮＨＫドラマに戻る。

カレーに詳しい人はたくさんいると書いたが、最近とくにその道で活動している人に水野仁輔氏がいる。まだ五十代になったばかりの人で、カレーへの興味と研究心が高じて広告会社を辞め、カレーのルーツや研究のため長期にわたってイギリスをはじめ世界各国を探訪しているくらいだからナミではない。ＮＨＫも早くから目をつけてドラマ『戦艦大和のカレイライス』での料理監修を委託してあったらしく、その関係で知った。まだ直接会ったことはないが、会わなくても気持ちは通じる感じでいる。

水野氏には、NHKスタッフから私の海軍（戦艦大和）カレーのレシピに参考になるようなコメントが伝わったらしく、その後できあがった番組案内のリーフレットには「このドラマの鍵となるまぼろしの戦艦大和のカレイライスは証言などをヒントにカレー研究の第一人者、水野仁輔さんに監修していただきました」とあり、皿に盛ったカレーの写真の脇に「カレーの再現にあたって、海軍料理研究家の高森直史さんよりアドバイスをいただきました」とも印字されていた。

参考までに水野氏が監修してできあがった〝幻の戦艦大和のカレイライス〟のレシピはリーフレットによると、つぎのとおりだった。

戦艦大和風カレイライス本格レシピ

材料（4人分）

牛ばら肉（ブロック）…250g、玉ねぎ…1個（300g）、にんじん…1本（150g）、じゃがいも…1個（150g）、りんご…1個（300g）、ヘット…30g、小麦粉…大さじ3と1／2（30g）、カレー粉…大さじ2（15g）、カイエンペッパーパウダー…小さじ1／4、塩…小さじ1弱。

スープ　600㎖を使用

鶏がら…1羽分、セロリ…1本、にんじん…1本、玉ねぎ…1個、パセリの軸…2本、ブラックペッパー（ホール）…15粒、ローリエ…1枚、水…2000㎖。

「大和風」と念を押してあるのは、あくまでも「はっきりしないが、こうだったのでは……」ということわりにほかならない。もちろん現在のようなカレールウの素はないので「カレー粉」が使われている。

リーフレットには作り方とそのポイントも丁寧に書かれている。読者にはそこまで読んでもらうのは面倒かもしれない。しかし、テレビドラマの中の料理に、「なにもそこまで」と言ってしまえばそれまでのようなことに放送局が真剣に取り組んだところがよい。誠実味という、甘味や辛味ともう一つ違う味付けのようだ。カレー研究の第一人者水野仁輔氏がかかわった専門的レシピは家庭でのカレーづくりにも応用でき、また、このレシピの底流には本書の中心となる、俗称〝海軍カレー〟につながるものが考慮されているので、敢《あ》えて原文のまま紹介しておきたい。

スープ（チキンブイヨンの作り方）

① 鶏がらをさっと洗う。
② セロリはぶつ切り、玉葱、にんじんは大きめにざく切りにする。
③ 鍋に水と鶏がら加えて火にかけ、沸騰したら灰汁《あく》を取り除く。
④ その他の材料をすべて加えて、沸騰したら再び灰汁を取り除く。

⑤ 弱火で、蓋を開けたまま2時間ほど煮込む。
⑥ ザルで濾してスープを取る。水分量が半分になるのが目安。

本格カレーの作り方

❶ 牛ばら肉は余計な脂身を取り除き（これをヘットとして使ってもよい）、大き目のひと口大（2センチ角程度）に切る。玉ねぎ、じゃがいもは2センチ角、にんじん、リンゴは1・5センチ角に切る。
❷ 鍋にヘットを熱し、小麦粉を加えて弱火〜中火でほんのり色づくまで炒める。
❸ カレー粉を加えてこうばしい香りが立つまで炒める。
❹ スープを注いで煮立て、カイエンペッパー、牛肉、玉ねぎ、にんじんを加えて弱火で60分ほど煮込む。ときどきかきまぜ、じゃがいもとりんごを加え、さらに30分煮る。
❺ 火を強め、ほどよいとろみになるまで煮て、塩で味を調整する。

水野氏のコメントが付いていて「このカレーの特徴は酸味と甘み（リンゴ）、辛味（スパイス）、香ばしさ（焙煎小麦粉）旨味（ヘットとスープ）がバランスよく入っていることだと思いました。へんなものが入っていないからすっきりしていて贅沢な味ですね。旨味過多のいまの時代の人たちには物足らない味なのかもしれません」と添え書きしてある。私が元海軍主計兵だった人から聞いたポイント（材料は大き目に切るなど）も取り入れてある。

前記したように、戦争末期の昭和海軍の食事メニューなので材料も限定されるが、戦艦大和に限らず、海軍艦艇でも一般的につくられていた手法がよく出ていると思われる。

ドラマは、「大和」の最後の出撃直前の昭和二十年四月五日夕方、山口県三田尻（防府）沖で少尉候補生に発せられた退艦命令によって生き残った海軍兵学校七十四期生（二十年三月三十日卒業）の一人（配役では神山繁）がフィクションになっている。退艦命令は伊藤整一司令長官による判断で、特攻とわかっている出撃に海軍三校（兵学校、機関学校、経理学校）を卒業したばかりの若者たちを道連れにしてはいけない。むしろ将来、日本再建のために生き残ってもらいたいとの願いがこもったものだった。

しかし、沖田誠吾（役名）少尉候補生は一緒に出撃したいために命令に反して烹炊所の六斗炊きの蒸気釜の中に隠れ、それを見つけた割烹担当の青年に「アンタは降りないといけない。将来があるんだ」と諭されながら食べさせてもらった〝カレイライス〟の味の記憶がストーリーの主軸になっていた。ドラマのタイトルでもあるだけに、カレーライスは実際のレシピをつくるほど大事だったわけである。

沖田誠吾候補生は生き残り、司令長官の願いどおり戦後、実業家として見事日本の復興に貢献……というストーリーである。沖田、沖本など沖の付く苗字は呉地方にはよくある。台本はそこまでよく考えてあった。

ついでにいうと、『ザ・ガードマン』（古いが……）などで知られる俳優の神山繁氏（二〇一七年一月三日死去）は実際に海軍経理学校最後のクラスになった三十八期生で、入校者名

一口メモ 経理学校三十八期は兵学校生徒七十七期、機関学校生徒五十八期と同じく昭和二十年四月十日に入校し、実質四ヵ月で終戦となった。神山氏は呉市出身でもあり、ドラマの配役に満足したらしく、生き残った戦後の実業家を重厚に演じてみせた。（注：経理学校には三十九期、兵学校には七十八期という実際は一週間前に予科生徒として入校したクラスもあるのでこちらも「最後の期」として管理されている）

簿（「神山繁」は本名）に五百名の一人として載っている。

戦艦大和の計画乗組員数は約二千五百名（実員には変動があるが）、第二艦隊第一遊撃部隊旗艦として沖縄特攻出撃のときは司令長官伊藤整一中将ほか司令部要員もふくめると三千三百名を超えていたが、乗組員全員がその日は同じメニューを食べるというのではない。

大きく分けると、まず士官と下士官・兵とは食べるものが違う。よく「士官はいいものを食べていた」と思われたりするが、それにはちゃんとした理由がある。

士官は下士官・兵の食べもののいいところを横取り（？）していたというのではなく、士官、准士官（准尉、兵曹長など）は食事代が制度上自弁になっていて、食材の購入も別個に買っていた。予算に応じてめずらしいものや少し高価な材料を買うこともできた。その意味で言えば、士官室でカレーを出すということになれば、一品料理というわけにはいかず、献立の組み合わせに調理担当者（下士官や雇用民間人）はかえって苦労したようだ。

士官と下士官・兵はその日に食べるものが違うと書いたが、「大和」「武蔵」でいえば調理室が六ヵ所もあり、とくに司令官や艦長には専任の割烹手がまったく違う料理をつくるというやりかただった。だから、「戦艦大和のカレイライス」といっても上から下まで「おー、今日はカレーか」というのではなく下士官・兵が対象だったということになる。

もっとも、戦艦、巡洋艦よりも小さい駆逐艦や潜水艦などになると艦内のあちこちでつくるわけにはいかないから艦長から二等水兵まで同じものという、食べるほうもつくるほうも気楽な制度になっていて、巡洋艦から駆逐艦に異動した士官が「ここはずいぶん食事代が安いな」とびっくりしたという話もある。

ＮＨＫのドラマは、「大和」とともに運命を共にしたはずの割烹手（海軍に雇用された民間人コック）司長二郎（三浦貴大）が現世に戻って来て呉の屋台で商売をしているという設定で、出撃前に退艦を命ぜられて戦後をりっぱに生きた老いた元少尉候補生に再会するストーリーである。長二（司長二郎）は艦長か数名の上級士官専用の料理人だったことがわかる。服装も下士官の服とは少し違う。実際こういう民間人（理髪手や洗濯手など）も「大和」とともに六名戦死している。その中の一人が割烹手で実名が長谷川伝司（大和ミュージアムの戦死者名板）となっている。戦死した割烹手とドラマの主役の名が何となく似ているのはドラマの台本を考えたディレクター以下スタッフがそこまで調べてのことだったのだろう。

「なぜ民間から雇われた者が一緒に出撃したのですかね？」とディレクターから聞かれた。ドラマでは若いイケメン俳優の三浦貴大がその割烹手を演じている。

「個人的事情もあるのでしょうが――娑婆にはおれないとか――しかし、海軍が好きで、乗組員ともいい関係の人が多かったと聞いています。フネを降りずに行動を共にしようと……」 私は実際に生き残った人から聞いた話で答えた。

テレビドラマのことに終始した書き方になったが、「戦艦大和のカレイライス」とはどんなものだったのだろうかとあるていどわかってもらえたのではないだろうか。

ようするに、海軍経理学校の教範どおりのカレーの作り方をもとに「食事は士気の根源なり」という主計科員としての理念と責任感が加わって、「教科書どおりだけでなく、ひと味もふた味も違うものをつくって戦力にするんだ」と料理づくりに意気込みを示すのはどのフネの主計科員も同じだった。辺見じゅん氏の小説『男たちの大和』にも烹炊員長が「〝フネは重油で動く、兵はメシで動く。しっかりやれ〟と着任したばかりの二等主計兵の尻をポンとたたいた」という場面がある。烹炊員長は経理学校で衣糧課程を修了したことになっている。映画での反町隆史の役がそれだった。中村獅童と激しい柔道稽古もやっていた。主計科員は包丁を握るばかりでなく、読み、書き、ソロバン、武道まで必須科目だった。

レシピをもとに筆者がつくったカレイライス

現在の海自カレーにも同じような調理担当者（給養員と

いう）の創意と工夫がよく表われている。呉で海上自衛隊に倣《なら》った「海自カレー」を扱う店（後述）が三十店ちかくあって呉市の観光振興に役立っているのも海軍の伝統を汲もうと努力する海自隊員の努力を反映したものとみてよい。この市民からも注目される海自カレーの出どころも一に隊員教育の成果にある。

さいわい海上自衛隊には海軍のいい伝統を継承しようという教育機関がある。伝統はすべてがいいとはかぎらないが、精神的な遺産は多い。それが舞鶴にある第四術科学校（昭和五十一年開設であるが、その前身は江田島に昭和三十二年からあった）で、経理、補給、監理、給養（給食管理）という幅広いロジスティック術科の隊員教育機関である。つまり、戦後になってもまだ海軍出身者が多く、人的遺産では空白期間がなかったということが言える。海軍料理もそれにふくまれる。

⚓海軍でのカレーづくりはいつから?

当然のことながら、戦艦大和だけでなくほかの艦艇でもカレーは人気メニューではあった。そうかといってしばしばつくれるような簡単料理ではない。いまでこそカレーは手軽な料理の代表になっていて、主婦が「今晩はカレーでもしようかしら」とか「忙しかったからカレーにしたの」とか言ったりするが、昔はけっこう手間がかかる料理だった。

カレー粉を入れさえすれば一応〝カレー〟にはなる。昔（昭和初期）の料理本には、五人前のレシピに「うどん粉大さじ三杯に茶さじに軽く一杯のカレー粉を加えて鍋でキツネ色になるまで炒めます」とか書いてあるように、カレー粉はちょこっと入れるだけだったようで、多分できあがりも千差万別だったのだろう。

昔は「おふくろのつくるカレーがいちばんうまかった」という思い出話がよく聞かれたが、それは一種の思い込みみたいなもので、そうではなくても「そうだった」と自己暗示かマインドコントロールにかかっていることが多い。それも悪いことではないが、他人の思い出料理をそのとおりに再現してくれと言われるとむずかしい。

作家の池波正太郎氏のエッセーにもある。

「カレーライスとよぶよりは、むしろライスカレーとよびたい。戦前の東京の下町では、そうよびならしていた。この食べものをはじめて口にしたのは、むろん、母の手料理によってである。（中略）いまから四十年も前の、母がつくるライスカレーは、大きな鍋へ湯をわかし、これへ豚肉の細切れやにんじん、じゃがいも、たまねぎなどをぶちこみ、煮あがったところへ、カレー粉とメリケン粉をいれてかきまわし、これをご飯の上にたっぷりかける、というものであって、それでも母が『今夜はライスカレーだよ』というと、私の眼の色が変わったものである」（『食卓の情景』（昭和五十五年、新潮社）

「いまから四十年も前」とあって、この一文が書かれた昭和四十年代と池波氏の生年（大正十二年）から母親の〝ライスカレー〟の思い出は七歳前後（昭和六年ごろ？）のことと推定できる。小麦粉やカレー粉は炒めもしないで鍋に入れてかきまわすのだから「どうかなあ……」とも思うが、戦争中は海軍航空隊（通信下士官）にいて、グルマン（食道楽？）でもあった一大作家の思い出話だから「なるほどなあ」と感じたりもする。料理への郷愁とはそんなものでもある。

昭和六年といえば、カレーの歴史からも、カレー粉の利用の仕方がわかって家庭でも何とかつくれるようになった時代で、食生活年表（『近代日本食文化年表』雄山閣）によると、「キンケイ食品が『ギンザカレー』を発売。家庭で手軽にカレーがつくれるようになる」とか、当時は国産のカレー粉はなく、英国から輸入していたＣ＆Ｂ社（通称シービー社）のカレー粉が唯一のカレー粉だったが、どこかの国でつくったまがいもののＣ＆Ｂカレー粉事件があったことも記録されている。

海軍がいつごろからカレーを食べるようになったかはっきりしないが、後述する明治四十一年発行の『海軍割烹術参考書』に「チキンライス」とともに「カレイライス」の作り方があるのが海軍では最も古い出典になる。本当につくられて海軍将兵がこぞって食べていたのかどうかはわからない。明治海軍の料理教科書は西洋料理店やヨーロッパのレストランのメニューをそっくり取り入れたものもあって、海軍独自のメニューとは思えないものもあるからだ。なかには「デビルビーフ」というよくわからない牛肉料理や、「ポロンプリン」というブランデーをかけてマッチで火を点《つ》けて燃やすデザートも教科書にあるが、海軍でも実際につくるまでには至らなかったのではないかと推定する。

そういう時代背景と、カレー粉の国内流通や国産品の販売歴史からも、カレーは教科書に載ってはいても明治、大正時代はまだ海軍艦艇で頻繁につくられてはいなかったのではないかという推察もできる。ただ、そういうレシピが明治末期から残っているというのは海軍食生活史上の証明になる。

昭和になっても初めのころは、カレーは店で食べるものというくらいで、簡単につくれる家庭料理の部類ではなかった。食べようと思えば主要都市のあちこちにある西洋料理店で八銭から十銭で食べられたというが、新宿中村屋が昭和二年に売りはじめた「純印度式カリー」は、一人前八十銭（銭湯が五銭）だったというから、カレーは超高級料理にもなった。それでも一日に二百人前も売れたと食文化史にある。売れ行きにはこの印度式カリーの産みの親ボース自身も驚いたらしい。

ついでに言うと、中村屋でカレーの製造販売をアドバイスしたラス・ビハリ・ボースはインド・ベンガル出身の革命家で、イギリス支配から独立の武器手配のため二十九歳のとき（大正四年）に日本に入国し、イギリス本国の追跡や日英同盟の廃止など複雑な経緯があって大正六年に、そのまま日本に亡命したとなっている。独立主義者たちの工作で中村屋の相馬夫妻にかくまわれたのが縁で同店の営業に大きな功績を遺すことになった。

ボースのことをすこしくわしく書くのは、ボースの出身地ベンガル地方で生産される米が日本米（ジャポニカ種）に似ているのだそうで、ボースが考案したカレーは日本人の口になじみやすく、食べ方ものちの日本のカレーに似ていたのではないかという説もある。

この中村屋カリー発売のすこしあとの昭和四、五年になると国内のカレー事情も変わってくる。海軍でも一転してフネでけっこうつくるようになった形跡がある。昭和五年から十年にかけてさらにカレー研究も進んだようだ。前項のテレビでの『戦艦大和のカレイライス』はその就役時期から戦争末期の食料事情等を反映しているが、作り方の基本は十年ごろのレシピを基礎にしてある。

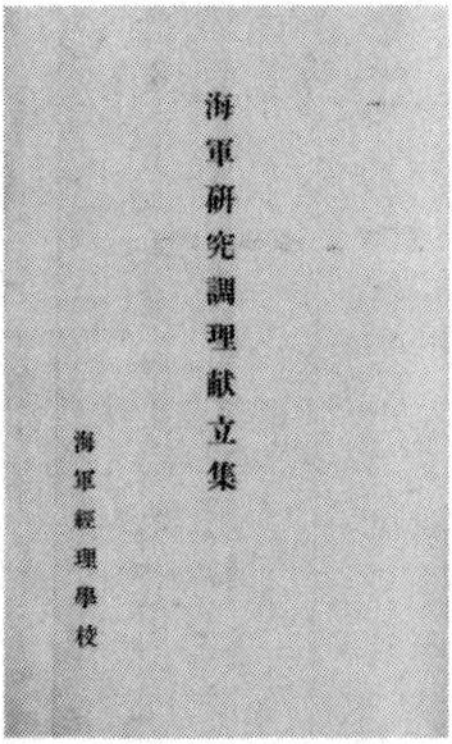

海軍研究調理献立集（昭和７年発行）

海軍経理学校が大正七年につくった『海軍五等主厨厨業教科書』の中の「ライスカレー」は、明治四十二年の『海軍割烹術参考書』の「カレイライス」レシピとあまり変わってはいないが、昭和七年に発行された『海軍研究調理献立集』ではかなりカレーのアレンジものが登場する。サバのカレー煮などがその一つである。

（注：「カレイライス」と書いたり「カレーライス」あるいは「ライスカレー」と表記するのは、その時代の教科書にあり、これもカレーの歴史だと思われるからである）

どんなものかというと、「浅利のカレーライス」「伊勢海老カレーライス」「チキンカレー」などとともにカレー粉を使った「鯵のカレー焼」のような応用料理も出現している。当然、一般的なビーフカレーやポークカレーはすでに海軍部内でも広がっていたのだろう。民間での普及と足並みがそろっているというところに着眼したい。それが本書のタイトル『海軍カレー伝説』に通じる筆者の研究所見である。

〈注：『海軍研究調理献立集』はその序文〈入谷清長海軍経理学校長〉によると、昭和四年末から約三年をかけて当校研究部が立案、実施試験した兵員向き献立に加え士官食にも適する献立を経理学校教育課程〈高等科経理術練習生〉の調理実習を経て厳選採用した料理となっている。二百五十ページに及ぶ四六判の教科書。筆者は五年前に呉市在住の市民の人から「海軍にいた祖父の遺品にあった」と寄贈を受けた。存在は知っていて、長年探していた教科書である〉

ＮＨＫドラマ『戦艦大和のカレイライス』が縁で、私はこれまでよりも海軍とカレーの関係に興味を持つようになった。韓国ではないが「正しい歴史認識が必要」とデタラメな歴史を見直さないといけないとも思ったりした。

しかし、そうかといって韓国式というか、我田引水で「カレーも海軍が発祥」というつもりは毛頭なかった。海軍教科書にある伊勢海老カレーのような豪華なカレーを一度つくって来客に出したらどんな顔をされるか、それを見てみたいくらいの気持はあった。

一方では、年に二度ばかりの講演で海軍肉じゃがのことにふれることがあり、ついでに、「海軍カレーと言いますが、海軍がはじまりだという証拠はどこにもありません。民間に足並みをそろえながらもよく研究はしていました。なにしろ海軍には料理学校（経理学校のこと）もあり、それも普通科と高等科があって、経験とレベルに合わせた教育コースに分けていたくらいですから」

と言いながら、主計科下士官も最初から料理を目指して海軍に入ったのではなく、主計というから将来は会計士になれるのだろうとか、庶務のデスクワークなら弾に当たる確率も少ないかも……とか、志望動機はあやふやで、入って海兵団を修業して部隊へ配属されたら、なんと炊事係。親には食事づくりをしているとは言いづらく、内緒にしていた話などなど、主計科だった昔の人に聞いたことを話したあと、締めくくりに、海軍は給食管理でもおろそかにしない組織があったことを吹聴していた。

ようするに、海軍がカレーを兵食に取り入れたのは民間にも知られるようになり人気メニューになりかけた昭和初期に率先してメニューに入れるようになった、というのがホントではないかと私は思っている。

⚓陸海軍兵食としてのカレーライスの番付け

当然、このへんで「海軍のことはわかった。それじゃ、陸軍はどうだったんだ?」という疑問が読者から出てきそうなので、先手を打ってそれに答えておきたい。

「カレーライスのことを陸軍では辛味入り汁かけ飯って言ってたそうですね」という質問もよく受ける。

大東亜戦争開始後、とくに対米英戦が予想される昭和十五年以降、国内で英語圏対戦国の言葉を排斥する社会運動(一種のナショナリズム)が興《おこ》ったのは事実のようである。私が生まれたのが十四年だからか、戦後、親がよくそんなことを話していた。

誤解されていることも多い。カレーを辛味入り汁かけ飯と言いはじめたのは陸軍ではなく文部省のようである。野球用語の「アウト」を「だめ」、「ストライク、ワン」を「よし、一本」とか「正球一本」などとしたのも文部省教育というが、どこでだれが言い出したかは曖《あい》昧《まい》なところもある。ボールの「よし」「だめ」や「ひけ（アウト）」を決めたのは日本野球連盟の規則委員会だと書いたもの（阿川弘之著『井上成美』）もある。『井上成美』文中には、陸軍では「連隊によってはカレーも辛味入り汁かけ飯と言わせ、外来の片仮名を一切使わせず、ハンドルは走向転把、アクセルペダルは加速践板と呼称させた」とあるから官・民・軍とも似たようなものだったのだろう。

ハイ！辛味入り汁かけ飯でアリマス！
…とは、陸軍が言い出したものではないようです
著者

　この風潮には国民のほうがよほど敏感だったようで、「日本精神作興敵性語排撃」というキャンペーンに乗らざるを得なかった。ラグビーが闘球、ホッケーが杖球、ゴルフが打球としたのは日本体育会という組織だったようだ。内務省では、ドイツやイタリアに多い音楽の「クラシック」はいいが、アメリカ産の「ジャズ」は〝敵性語〟とした。

　陸軍は明治期から将校には外国語を学ばせるのが大事としていたが、開戦前の昭和十五年秋の士官学校生徒採用試験科目から英語を削除してしまっている。英語は不要というよりも、陸軍は海軍を意識して、中学生が陸軍士官学校を受験しやすいようにした狙いもある。

海軍にもこれに同調する士官がいて十七年ごろになるとかなり増えてもいた。しかし、米英をよく知る将官をはじめ良識のある反対者はいた。

大正時代にハーバード大留学やアメリカ大使館付武官などもした山本五十六は空母「赤城」艦長のとき（昭和三年十二月から十ヵ月）、乗り組みの飛行士たちにドイツかぶれが多いのを苦々しく思っていたようだ。飛行士たちも、「今度の艦長は米英に近いらしい」と進んで接するのを避けていたという話（阿川弘之『山本五十六』新潮社）もある。

わかりやすい話が、米内光政、山本五十六とともに海軍三羽烏の一人とされた最後の海軍大将井上成美の兵学校長時の逸話でよく知られる。

着任したのが昭和十七年十一月十日。米英蘭対戦からほぼ一年で、兵学校教官の中にも敵性語使用に敏感になる者がいたようだ。

井上中将の着任後まもなく、十八年十二月に入校する生徒（七十五期）の志願受付（五月）にそなえた研究会が開かれた。決を採ると、平賀春二教授ほか英語科の文官教授をのぞく全員が生徒採用試験からの「英語」廃止に賛成を得たので、教頭が校長に「よろしうございますか、これで」と伺《うかが》うと、「よろしくない」と答えて立ち上がったという。阿川弘之の海軍提督三部作の一つ『井上成美』ではそのくだりが、つぎのように書かれている。

「一体何処の国の海軍に、自国語一つしか話せないやうな兵科将校があるか。そのやうな者が世界へ出て、一人前の海軍士官として通用しようとしても、通用するわけが無い。英米海軍のオフィサーならフランス語、スペイン語、吾人の場合は最小限英語、この研究会でも繰り返し言っているとおり、英語がこんにち尚世界の公用語として使われているのは、好むと好まざるに拘《かかわ》らず明らかな事実であって、事実は率直にこれを事実と認めなくてはならぬ。試験に英語があるのをいやがって、秀才が陸軍へ流れるといふのなら、流れて構はない。外国語一つ真剣にマスターする気の無い少年は、海軍のほうでこれを必要としない。私が校長の職に在る限り、英語の廃止といふやうなことは絶対許可しない方針であるから左様承知をしておいてもらひたい」

カレーとは直接関係はないが、海軍の体質や良識を語る井上成美校長のりっぱな言葉なので、長いのを承知で阿川大作家の文をそっくり転写させてもらった。

「辛味入り汁かけ飯」の話が逸れてしまったようだが、カレーと海軍あるいは陸軍との関係を考えるうえで、敵性語排斥の歴史は素通りできない。筆者としては真面目な気持ちで兵学校の歴史の一端を紹介した。

蛇足であるが、戦争中の社会背景から、なんでも日本語に変えようとしたのはむしろ国民の過剰な反応や取り越し苦労あるいは国家へのおもねりで、それぞれの分野が造語したものが多いようである。噴出水（サイダー）、雪滑（スキー）、氷滑（スケート）、円交路（ロータリー）、乗車廊（プラットホーム）、洋天（フライ）、油揚肉饅頭（コロッケ）……いくらでもあるが、どうみても政府が言い換えを考案したものではなく、国難の時代から、国民や企業組織が考え出した用語が多いようである。「バックオーライ……ストップ」を「背背発車、発車……停止」と言い変えたというが、出どころは交通局の捻出、苦心の作なのだろう。

テレビドラマで、陸軍憲兵が通りがかりの国民に、「いま、お前は敵性語を使ったな！ちょっとこっちにこい！」などと言う場面をつくったりすることがあるが、いかに憲兵でもそういう権限はなかった。スタッフの考証不足になる。

陸軍ではカレーも英国伝来、敵性料理だと言って食べなかったかというと、そうでもない。あの時代、和食だけで兵を養うことはできない。カレーも当然食べていた。無理に「辛味入り汁かけ飯」と名称を変えることなく、それまでどおりカレーとかカレー汁と称していた。辛味入り……とよんだのは前記したようにナショナリズムに高じた連隊長など一部の指揮官クラスの中に国民に同調した者がいたのだろう。とかくなんでも、悪いのは陸軍にされがちなので多少は弁護もしたくなる。

念のため、陸軍では戦争中ホントに、カレーライスを辛味入り汁かけ飯とよんでいたのか、陸軍の料理資料を調べてみた。「辛味入汁掛飯」への表記変更や呼称は文部省から生まれたらしいと前記したが、それでは文部省を悪者にしてしまうことになるが、たとえ発信元が文部省であっても法的規制ができるものではなかった。

陸軍の戦争中の料理を記録した資料はほとんどない。戦争中はそれまでの軍隊料理を基本的に踏襲していたようで、それの最も手掛かりになる資料は昭和十二年七月に陸軍省が検閲発行した『軍隊調理法』ということになる。二百七十九種に及ぶ献立は明治以来の伝統的陸軍料理をもとに集約したもので、戦争末期まで軍隊料理のバイブルだったようだ。昭和十二年発行なので当然、「カレー」や「カレー汁」であり、「辛味入汁掛飯」はない。この用語が出来たのが昭和十五年以降とすれば納得できる。

パールハーバーを真珠湾とよぶようになったのもこのころかもしれないが、私にはよくわからない。

阿川弘之著作の『山本五十六』（新潮社、一九六九年十一月刊）でも、「山本がいつごろからハワイを考えるようになったかは、よくわらない」となっていて（初版本百八十四ページ）、その四ページ先に、昭和十五年のあるときの戦技演習で飛行機の使い方を考えたらしく、「ウーム」とうなり、研究会のあとで福留参謀に、ぽつんと「あれで、真珠湾をやれないかな？　と漏らしたことがあった」（傍点筆者）と書かれている。

阿川大海軍作家は一文字たりともいい加減なことは書かないので、もうこのころ（昭和十五年前期）は山本五十六でも国内の風潮に迎合したのかな、とか、待てよ、ここは海軍らしく「パール」と言ったのではないかとか、昭和十五年は紀元二千六百年で国内が沸き立ち、十月十日には横浜沖で大観艦式が行なわれたりした年でもあり、複雑に考えてしまう。

執筆者は思い出せないが、「昭和十二年ごろからパールハーバー（攻撃）を考えていた」と書いたものがあったが、それは会話ではなく説明文だから詮議の対象にはならない。

陸軍ではカレーとどのように対応していたか、この項の

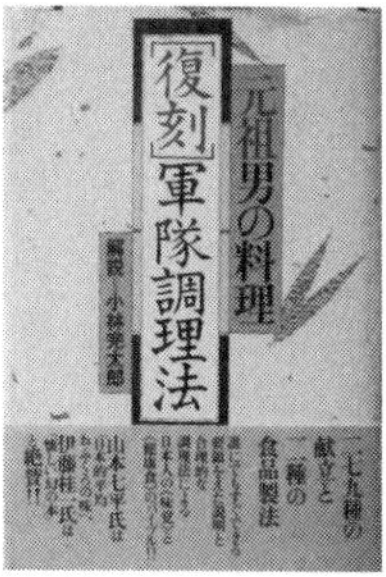

陸軍料理の教範『軍隊調理法』

本筋に戻る。
残念ながら、大東亜戦争末期の陸軍の兵食メニューはほとんど残っていないが、その道の研究者藤田昌雄氏の著書『写真で見る日本陸軍兵営の食事』（二〇〇九年、潮書房光人新社）にある昭和四年の「陸軍標準献立表」と昭和十四年の「開拓団週間理想献立」から転載する。

昭和四年　陸軍糧秣本廠発行「献立標準表」から抜粋　（一週間の献立が、三食別に記載）

金曜日　朝食　味噌汁　酒粕10匁、大根30匁、豆腐15匁、味噌15匁、漬菜20匁。
昼食　カレー汁　豚肉10匁、玉葱30匁、馬鈴薯30匁、人参5匁、カレー粉5匁、小麦粉4匁、食塩1匁、ラード2匁。
夕食　豚肉味噌汁　豚肉2匁、味噌5匁、砂糖1匁、トマト1匁、玉葱20匁、木耳《きくらげ》5匁。

※陸軍では通例一人分が単位になっているが、旧尺貫法で言えば1匁は3・75グラムになるのでカレー粉や食塩量などはどう考えても多すぎる。かりに三人分としてそれぞれの材料を換算しても出来上がりに無理がある。表示されている分量はあてにしないほうがいい。昭和四年に陸軍でもカレーを兵食に採用していたことを示す資料として掲載した。

昭和十四年　陸軍「開拓団週間理想献立例」から抜粋

6日目　朝食　味噌汁　味噌40グラム、煮干粉3グラム、豆腐60グラム、白菜40グラム。
　　　　　　　金平　牛蒡《ごぼう》40グラム、人参20グラム、油適量、砂糖少々、醤油少々。
　　　　昼食　カレーライス
　　　　　　　牛肉40グラム、馬鈴薯50グラム、玉葱50グラム、人参10グラム、メリケン粉10グラム、油7グラム、カレー粉少々、紅生姜少々、塩適宜。
　　　　夕食　カツレツ（キャベツ付け合わせ）
　　　　　　　豚肉80グラム、卵10グラム、メリケン粉15グラム、パン粉15グラム、油適宜、キャベツ10グラム、胡椒少々。

※この献立の対象になっている開拓団というのは、いわゆる満蒙開拓団の先遣部隊等の陸軍兵士のことと思われる。〝理想献立〟とあるので、あくまでも計画上の献立であろうが、グラム単位の分量表示から間違いなく一人分である。飯盒で各自が料理できるという前提である。

41ページで表紙写真を付けた陸軍の『軍隊調理法』（昭和十二年発行）ではどうなっているか、併せて〝カレー〟を見ると、つぎのようになっている。

二四　カレー汁　熱量三二四カロリー、蛋白質一八・五〇グラム。
　材料（一人分）牛肉（または豚肉、兎肉、羊肉、鳥肉、貝類）七〇グラム、人参二〇グラム、玉葱 八〇グラム、小麦粉 一〇グラム、カレー粉 一グラム、食塩 少々、ラード 五グラム。

準備　イ、牛肉は細切りとなし置く　ロ、馬鈴薯は二センチ角位に、人参は小口切りとなし、玉葱は縦四つ割りに切り置く。ハ、ラードは煮立て小麦粉を投じて攪拌し、カレー粉を入れて油粉捏を造り置く。

調理　鍋に牛肉と少量のラードと少量の玉葱を入れて空炒りし、約三五〇ミリリットルの水を加え、まず人参を入れて煮立て、馬鈴薯、玉葱の順に入れ、食塩にて調味し、最後に油粉捏を煮汁で溶き延ばして流し込み、攪拌す。

備考　イ、温かき御飯を皿に盛りてその上より掛くればライスカレーとなる。ロ、本調理はまたパンの副食に適す。

※右のレシピで筆者が実際に材料の分量を計測して飯盒でカレー汁をつくってみた。たしかに汁かけ飯とも言えるが、飯盒で一人分のカレーをつくるのは、正直言っ

一口メモ　飯盒《はんごう》は明治後期（明治三十一年）の陸軍の考案で、日本古来の曲げわっぱや西洋の携行鍋がモデルとなっているが、国内では調理用具には使われていなかったアルミを応用した（のちに錫を加えたアルマイト）ところに陸軍大阪武器工廠の苦心があった。海軍でも陸戦隊などで陸軍制式のものをそっくり流用していた。

て面倒ではある。

陸軍のカレーメニューについて陸軍教科書や献立資料から少ししつこいくらい引いたのは、海軍カレーを語るには陸軍との対比が必要だと考えたからである。

これで見るとおり、カレーは昭和期の陸軍で普通の献立として扱われていたことになる。「カレーライス」と言ったり「カレー汁」あるいは「ライスカレー」と称したりしていたことがわかる。作り方からも特殊なものではないことがわかる。どちらかというと、カレーの作り方が、海軍ではレストラン風ですこし専門的なのに比べ、陸軍は家庭料理の仕方に近い。『軍隊調理法』の「作り方」にある「油粉捏」とは面白い用語であるが、カレールウ（ペースト）の状態をさすことは間違いない。もちろん敵性語排斥運動が起きるよりも数年前の表記であり、「ストライク」は「よし」とはまったく違う発想である。実際に「ルウ」と読ませたのかもしれない。

飯盒でつくるカレー汁飯

この項目のタイトルを「陸海軍兵食としてのカレーライスの番付け」としてカレーが日本国内で広まり日常メニューとして次第に国民食となっていった昭和期の状況を縷々述べてみたが、ようするに、陸軍も海軍も昭和五年ごろになると兵食としてつくられるようになり、定番料理の一つになっていったということである。

ただし、前述したように、当時、カレーライスは簡単につくれる料理ではなかった。カレー粉が頼りではあるが、戦争になると入手も簡単ではない。カレー粉を耳かき一杯か二杯入れるだけでもカレー味にはなるが本格的カレーには程遠い。昭和十四年ごろ某海軍主計長がカレー粉やスパイスを求めてジャワの市場を探し回った話をご本人の生前に聞いたことがある。「そりゃ、難儀したよ」という話は「海軍ではカレーをこうしてつくっていた」の項で紹介する。

研究者の資料の中で一つ面白い発見をした。小菅桂子氏の『カレーライスの誕生』（二〇〇二年、講談社刊）に、会津出身の柴五郎（十五歳）という陸軍幼年学校生徒が明治六年に陸軍兵学寮の給食で「土曜日の昼食、ライスカレーの一皿を付す（付いていた？）」と記録があるという。

そうなると、日本陸海軍でカレーと出会ったのは陸軍が先だった……ともいえないこともないが、国内事情から給食献立だったとは信じがたいものの、興味ある記事ではある。明治六年ごろ「カレーライス」が主流で、そのあと暫《しばら》くの期間「ライスカレー」の呼称が登場し、「カレイライス」も加わる。カレーの呼び方一つにも歴史がある。いまでは「カレー」というだけですむようだ。

⚓陸軍にも明治のカレーレシピがあった？

陸軍のカレーは海軍よりも遅れていた、というようなことを書いては来たが、腑《ふ》に落ちないところもあった。陸軍と海軍は事ごとく相反することをやっていたとか、反発し合っていたとか言われたりするが、それは軍政や軍略の一面であって、何でもかんでもというわけでもなかったようだ。某主計科士官も、「南方では、たがいに〝リクさん〟〝ウミさん〟と呼び合ってけっこう仲良く助け合っていた。いいところは見習ってもいた」と言っていた。まして、こと食べ物に関しては、うまいものならそんなに普及に年月の差が付くだろうか、うまいとなればすぐに真似てつくったりしないだろうか、という疑問があった。

気になっているときに、二〇一七年八月にちくま文庫からの『にっぽん洋食物語大全』という文庫本発刊を新聞で知った。著者は小菅桂子となっている。「アレッ、食文化史研究家の小菅氏ならとっくの昔（二〇〇五年）に亡くなられているはずだが……」と思いながらも〝新刊〟とあるので早速《さっそく》書店で探して購入した。

やはり小菅桂子氏で、あとがきを見ると初版は一九八三年で、新潮社から、その後一九九四年に文庫本として講談社＋α文庫として刊行された本の再々版（あるいは再編集版）であることがわかった。しかし、中身は決して古くはない。

ここで言いたいのはそんな再版やリメーク版云々ではなく、この小菅氏の著作の中に明治四十三年に陸軍省が検閲した『軍隊料理法』というのがあって、その中に「カレー、《ママ》ライス（カレー汁掛飯）」のレシピがあるというのだ。

　これは私としては新たな発見である。とは言いながら、このまま素直に受け取れないところもある。「陸軍の料理教科書は昭和十二年七月に陸軍省が検閲して発行した『軍隊調理法』が形として残っている唯一のものである」と前述した。明治陸軍がつくった料理書もあるらしいとは聞いたことがあるが、それは例の脚気との論争に終始した背景もあり、明治陸軍の料理ブックは正直言って探してみる気にならなかった。

　小菅氏によれば、明治四十三年のものは『軍隊料理法』となっている。一方、陸軍省検閲済は『軍隊調理法』となっていて、復刻版には、「この書は昭和十二年七月二十六日陸軍省検閲済『軍隊調理法』の復刻版である」としてあるだけである。たんなるタイトル文字の「料理」と「調理」の間違いか、あるいは、二つは別ものなのか、どっちでもいいじゃないか、で済ませたいところであるが、日本の食文化史に影響するので、できれば判別しておきたい。

『軍隊調理法』の序文には「昭和六年陸軍第三七五號ヲ以テ配布セシ軍隊調理法ヲ改訂セシニ付参考送付ス　昭和十二年六月二十二日　陸軍省副官 寺倉正三」と書かれていて、昭和六年の『軍隊調理法』がもとになっているとは書いてあるが、それ以前のことにはふれてない。

古い方の明治四十三年版『軍隊料理法』にあるという「カレー、《ママ》ライス汁掛飯」のレシピというのは、小菅氏の書によると、つぎのようになっている。

「鍋ニ少量ノヘット又ハラードヲ入レ　其中ニ出来ル丈細カニ刻ミタル玉葱トカレー粉トヲ適宜ニ入レテ好ク炙キ　之ニ米利堅粉ト采ノ目形ニ切リタル肉トヲ混セ　湯ヲ加ヘ　又僅カノ酢ヲ入レ　五時間程煮ルナリ　之ヲ飯ニ注ケテ用ヰルナリ　飯ハ可成硬目ニ炊クヲ可トス」（明治四十三年）

『軍隊料理法』の原文のままだろう。いまではちょっと読みにくい。

一方、海軍で印刷物として遺っている最古の料理書は明治四十二年発行の『海軍割烹術参考書』（次項〝「海軍カレー」いくつかの伝説〟で転載する＝62ページ）の海軍のカレイライスのレシピとは材料や作り方がかなり違うのに気がついた。

陸軍レシピの海軍との大きな違いは、「野菜が玉ねぎだけ」であることと「わずかに酢を入れる」ところにある。この料理法は明治中期に一時民間で紹介されたカレーのレシピのようで、陸軍はそちらを採用したのだろう。明治四十二年と四十三年のわずか一年違いでありながら、海軍と陸軍のコミュニケーション不足で、それぞれが別々の民間料理書を手本にしたということなのだろうか。カレーにニンジン、玉ねぎ、じゃがいもを使うようになるのは明治三十年代半ばからなので、陸軍が手本としたものはやや古かったという推測もできる。

しかし、いずれにしても明治時代（末期に近いが……）に陸軍もカレーライス（カレー、ライス汁掛飯）というのがあったようである。

調べているうちに、『軍隊料理法』は表現の仕方が陸軍兵にはなじめず、昭和六年にタイトルを『軍隊調理法』に新規発行されたものであることがわかった。明治のレシピでは「煮立テテ置キタルラードノ将ニ煙立タントスルトキニ投ジテ……」などと書いてあって確かにわかりにくい。つくっている間に鍋が焦げ付きそうである。

第二章 「海軍カレー」いくつかの伝説

⚓カレーも発祥は海軍？

「肉じゃが」のルーツ解明のついでか行きがかりか、「それじゃ、カレーも海軍じゃないのか」とか「日本の海軍ならカレーも考えつきそうだ」というような、世界史や食文化史を知らないで、面白そうなので作られた話の真実を追ってみよう。

三十年くらい前にそういう話が芽生え、町興しにしたいからその証明を、という相談を受けたこともある。

いくら日本海軍が洋食文化の先駆者だったといっても、世間でも通じるようなオリジナル料理を考案するような一流シェフがいるわけではない。包丁は握っても身分はあくまでも海軍軍人であり、料理ばかりやっているわけではない。普段は幅広い術科や普通学の勉強もし、戦闘ともなれば一時的に弾を運んだり機銃を撃ったりの戦闘員になった。寝ても覚めても料理のことばかり考えてもおれない。

カレーのルーツの謎解きをさきに言ってしまうとあとを続けにくくなるが、海軍料理には

一口メモ　主計員の経理学校普通科衣糧術練習生（一主水＝一等主計水兵等を対象とした学校教育課程。時局により半年〜九ヵ月）でどんな教育を受けていたかと言うと、糧食（給食管理や調理実務）のほか、物品会計金銭会計、経済学、庶務、国語、習字、算術、英語初歩など座学のほかに海軍軍人として当然、陸戦教練、小銃拳銃射撃、短艇撓漕、手旗信号、武道、体操、体技があった。

日本や外国で先に出来上がっていた料理の模倣（料理だから「パクリ」というべきか）や少し手を加えたアレンジ版とみられるアイデアがあちこちにある。あるというより一工夫する気概が衣糧（給食管理）関係者には多かったようである。民間のシェフや割烹との交流も深く、知恵を借りたと思われるものもある。ウナギのかば焼きがいい例で、割き方は関西式（腹割き）で、焼き方は関東式（焼く前に蒸す）となっている（『海軍割烹術参考書』）。

カレーも標準的作り方をフネごとに「うちのはただのカレイライスではないんだ」という誇りを持っていた、とこれも海軍主計兵出身者から聞いたことである。

もう亡くなった人たちをいいこと（?）に「聞いた」とか「言っていた」とあちこちで書いているようだが、私が海上自衛隊に入隊し、江田島（第一術科学校）で栄養学の教官をやっていたころは海軍の先輩が多く、とくに上司の盛満二雄一尉は主計科下士官としての海軍勤務体験を部内誌によく寄稿していた。とくに海軍経理学校（築地）での教育の思い出はしばしば聞いた。それもあって、私はいまでも上京で銀座方面を歩くときは築地まで歩き、経理学校の碑を確認することが多い。

銀座四丁目から晴海通りを東銀座方面へ行くと、昭和通りとの交差点左に印度料理専門店「ナイル」がある。ここを過ぎたところが歌舞伎座で、本日の演目などの看板を見て、さらに進むと三原橋、銀座公園。中津藩邸はこの辺にあったらしい。福沢諭吉が咸臨丸に乗り込む前まで開いていた鉄砲洲の英語塾の跡を示す石板がある。三原橋を過ぎて反対側が、兵学校が江田島へ移転（明治二十一年）したあとの海軍経理学校、海軍病院跡で、戦後は築地市場となっていたが、都市計画により近年、市場の大部分が豊洲に移転、現在は一部の店舗を残すだけとなった。それでも、食材見学をするのは今の規模でもけっこうたのしい。海軍風カレーを自分でつくってみるにはスパイス別の小袋もここか横浜中華街が入手しやすい。海軍経理学校碑は勝鬨橋の北詰西側にある。

築地に立つ経理学校碑

前記の盛満氏は直属の上司でもあり私的によく面倒をみてもらったので雑談的に聞いたことでもよく覚えている。「もう亡くなった人」とは、そういう人たちである。盛満氏の海軍体験は、まさに前項でふれた元神戸新聞記者高橋孟氏の『海軍めしたき物語』のような主計水兵の哀歓入り混じった海軍生活だったようだが、「なにをやるにも気合が入っていた」ことがよくわかった。主計科兵でもよく勉強していたという。それは任務感と言うより、現在の厳しい下級兵から脱するには経理学校学生になるほかない。入校しさえすれば、つぎの希望も持てる。海軍はそういう人事管理システムで士気を高める方法をとっていた。

盛満氏は自衛官として定年に達した後、防衛庁事務官に転官してさらに第四術科学校で奉職し、海軍糧食管理の伝統継承に貢献した。晩年も数校の専門学校で栄養学の講師なども務めて、平成初期に亡くなった。まとまった出版物がなかったのが惜しまれる。

この人（鹿児島）の海軍入隊動機も単純で、十五歳になったとき、海軍少年予科練習生を志願したら背丈が二センチ足りなかったらしい。とにかく海軍へと新兵を応募したら水兵でも基準に一センチ足りなかった。検査官に、「主計へ行ったらどうか」と言われ、身長の数値を多めに書き込んでくれたという。融通の利く検査官の恩恵に浴したようだ。

カレー一つにも海軍の〝気合〟が感じられることを言いたくて「カレーも海軍は発祥か？」というテーマから脇道にそれた。

肉じゃがにしても国木田独歩の小説『牛肉と馬鈴薯』（明治三十四年発表）ではないが、明治五年一月二十四日に明治天皇が牛肉を食したのがきっかけとなり国民も堂々と牛肉を食べるようになったという説がある。海軍も兵食に牛肉を使うようになり、その調達量は年々増加している（『近代日本食文化年表』）。馬鈴薯も国民が食べ方をよく知らない明治三十年代にかなり料理法を工夫したらしく、明治三十七年十月八日の時事新報に「ある軍艦の食事」として牛肉と馬鈴薯を組み合わせた献立がその中にある。もともとあった何かの料理（煮もの）からヒントを得たものだろう。カレーも似たような材料を使う。カレーへの取り組みも海軍には明治中期から下地があったということはできる。

カレーづくりに欠かせない材料の牛肉、じゃがいも、玉ねぎを〝カレーの三種の神器〟と言ったりする。

海軍の牛肉とじゃがいもの関係は早くから縁が深かったことを記した。

もう一つの玉ねぎであるが、明治時代には、ある時期まで、民間では玉ねぎではなく長ネギが使われていた。玉ねぎが使われるようになるのはかなり後になる。カレーには長ネギ……多分、あまり知られていないはず。海軍ではどうだったか、あとの項でふれる。

芸術品や工芸品は無断でイミテーションを造ると差し障りがあるが、日常食べる料理は真似をするといってもあまり問題にはならない。問題になるのは売り物にするときで、名物の食べものや土産物に本家争いというのはよくある。伊勢の赤福餅や伊勢うどん、京都の千枚漬、宮島のもみじ饅頭などがその代表だろう。看板には「本家」とあったり「元祖」と書いたり「本舗」と言ってみたりで、世間には裁判沙汰の本家、元祖争いは絶えない。それは一に商売が絡んでいるからだろう。

「肉じゃが」はさいわい「うちが先だ」という海軍関係以外からのあと名乗りもなかったからよかったが、もしもそういう話が出てきたら肉じゃがルーツ発見者とされた私も困ったかもしれない、さいわいテレビで扱われた番組だったから認知されたようなもので、テレビの力はやはり強い。舞鶴と呉が「うちが先じゃが」と言っている〝肉じゃが戦争〟はこの主旨とは離れるもので、あくまでもどちらも海軍が土俵なので問題ではない。

日本でカレーが流行《はや》るようになったのは海軍の影響が大きい——というくらいまでは言えるが、海軍にルーツがあるとまでは言えないその理由をクドクド述べるよりも、ここで、さきにカレーの簡単な歴史と日本への伝来について食文化史的に記すほうがわかりやすいと思われる。

ただ、カレーの歴史から書こうとすると、少なくとも十五世紀半ばから十六世紀半ばまで盛んだった大航海時代にさかのぼってしまい、日本海軍はおろか、日本本土までとても辿り着けないのでカレーの素にするスパイスのヨーロッパへの伝播のさわりだけにする。

拙著『海軍料理おもしろ事典』（二〇〇四年、潮書房光人社刊）に詳しく書いたが、ようするに、帆船時代の、地球が丸いかどうかもわからない時代に壊血病と闘いながら未知の世界へ命がけの長期航海に乗り出したのは航路開拓もさることながらスパイス（香辛料）探しが大きな目的だった。

十四世紀にヨーロッパでは広い範囲にわたってペストが猛威を振るった。その予防や治療には南アジアの一部や東南アジアで産するスパイス類に効果があると信じられた。

ペストは不衛生な食べ物を食べたネズミがペスト菌を繁殖させ人間に感染させる。冷凍技術は未開発時代で、食品保存には香辛料が効果があると信じられた。実際ペパー（胡椒）には塩と混ぜて獣肉に塗布するとかなり保存性が高まる効果がある。ほかの香辛料もヨーロッパで珍重されるようになった。

ペストが下火になってもスパイスは食糧保存の必需品となり航路開拓や植民地確保につながっていったというのがスパイスのヨーロッパ伝播の歴史である。カレーの原料を構成するターメリック（ウコン）やクミンシード、コリアンダー、カルダモン、シナモン、クローブ、フェンネルなどもほとんどコロンブスやマゼランをはじめ、大航海家たちのヨーロッパみやげである。おみやげにはタバコや余分な梅毒もあった。

当時、ヨーロッパに伝わったものは時を経ずして、すぐに海を経由して文物が伝播した。日本にタバコが伝わるのも鉄砲が伝わるのも十六世紀のポルトガル船の来航（漂着をふくむ）によるとされる。そういう外国船から当然スパイス類も伝わった。〝伝わった〟といっても日本で栽培することはできないから、「バテレンたちはヘンなにおいのものを料理に使うなァ」くらいで終わったと思われる。

織田信長にも数回謁見したことがあるというルイス・フロイスの記録『日本史』は長尺の貴重な日本観であるが、そのほかにもE・ヨリッセン編纂・松田毅一訳『フロイスの日本覚書』（中公新書刊）も興味ある日本あるいは日本人観である。生活習慣の違いがポルトガル人フロイスの見た目で書いてあり、比較文化の史料となる。スパイスに関係する記述もある。

「われらは砂糖や卵やシナモンで（麺類を）食べる。彼らはそれを辛子やピメンタ（唐辛子？）で食べる」（筆者注：ピメンタがピメントであればオールスパイスやスペインの唐辛子を指す）

「われらは、食事にさまざまな薬味を加えて調味する。日本人は、それに味噌を用いる。これは米や腐敗した穀物を塩と混ぜたものである」

信長はキンキン声で、なにごとも性急。話が終わり、信長が指で「散れ」の合図をすると臣下は「蜘蛛の子を散らすごとく」退出したともフロイスの『日本史』に書いてある。本書序文で信長が「これがかば焼きというものデアルカ」と蒲焼を食う作り話を書いたが、蒲焼に山椒＝これこそ日本の代表的スパイス＝を振りかけたかどうかはわからない。南蛮人からカレーを差し出されたらどんな顔をしたか想像すると愉快である。

〈注：「デアルカ」は口癖だったというほどではないが、太田牛一の『信長公記』〈「山城道三、信長御参会の事」〉に、齋藤道三との初会見のとき、堀田道空という者が呼びに行くと、信長は柱にもたれていて、「で あるか と仰せられ候」とある。後世の物書きが面白がって口癖にしたりしている。信長は舶来品にも好奇心旺盛で、葡萄酒も飲んだ。カレーと出遭ったら面白かったろうに、と遊び心を承知で注とした〉

海軍とカレーの出遭いに至る歴史をさかのぼって、その一部を記したが、香辛料がいかにして世界に広がったかを日本とポルトガル船の関係から私見を交えた。

日本海軍は明治八年の米西海岸、ハワイ方面への遠洋練習航海から、その後はさらに年々行動範囲を拡大し、東南アジアがしばしば寄港地にもなっていたのでスパイス類の逆輸入もあったかもしれない。現地でのカレー味体験があったことも考えられる。しかし、それはあくまでも想像の域を出ない。海軍がカレーを兵食に加えるようになるのはまだかなりあとのことである。

ただし、カレーライスの原形に近いものの日本伝播は、東南アジアやインドからではなく、イギリス経由でやって来たというのが多くの食文化研究家の見解である。そうなると、大英帝国海軍とは縁の深かった大日本帝国海軍なら――と考えたくなるが憶測は出来ない。イギリス海軍がカレーをご飯にかけて食べていたという証拠でもあれば日本海軍に伝わることも考えられるが、それを証明できる資料はない。

東郷平八郎も若いときイギリス留学をしている。東郷元帥はもともと食べ物にうるさくはないが、イギリスでの食事には参ったようだ。普段はケンブリッジの牧師の家での半年下宿だった。ホームステイのはしりである。そのあとポーツマスの海洋少年を養成する学校に入った。少年といっても東郷はもう二十六歳で最年長生徒だった。ほかの生徒たちはほんとに十一、二歳だった。東郷は苦労も多かったと思う。そのうえ食事に苦労した。

小笠原長生中将の『東郷平八郎元帥祥伝』に「英国での食事が口に合わず、それでも何か食べないと体に悪いと食パンを紅茶に浸して口に押し込んでいた。それも大量なので、英国人生徒たちは驚いていた」と書いてある。

ロンドンにて　明治11年

英国留学頃の東郷（ロンドンで）

カレーライスでもあったら喜んで食べたに違いないと想像したりする。さらに東郷元帥が帰国（明治十年五月、日本がイギリスへ発注していた戦艦比叡の日本回航に便乗）のとき日本に持ち帰ったとの新発見でもあれば、カレーも日本海軍がルーツと言えるのだが、そういう逸話もない。

食文化史に関する資料や研究書は多くあるが、その中で前出の『近代日本食文化年表』の編集者小菅桂子氏が書いた『カレーライスの誕生』（講談社）にカレーの歴史は詳しい。スパイスの世界史からはじまり、カレー料理の誕生を経ての日本伝来、カレーライスの日本での発展をわかりやすく詳述してある。当然、日本陸海軍とカレーの関係にも及んでいる。その最後に、数行であるが、つぎの一文がある。

「昨今横須賀カレー、呉カレーといったことがたびたびテレビで取り上げられている。軍隊カレーの本家はどこかということらしいが、横須賀や呉に明治大正の昔から軍隊カレーの食堂があったという話は聞いたことがない。どうやら町おこしということらしい。横須賀にはカレー課長という役職もあるという。ただし、山本嘉次郎が書いているように、軍隊が地方出身の青年をカレーの虜にして軍隊から農村に広まっていったということは言えるのだろう」

出典のこの本の発行は二〇〇二年六月なので著者はいち早く気づいていたようだ。食文化史の研鑽を重ねてきた人（一九三三年生まれ）の所見であり、日本の食生活史からも納得できる説であり、むしろこの数行で「カレーライスは日本海軍発祥とは言えない」ことが言い尽くされているようである。食文化研究者としてとくに陸海軍の兵食にも通じた人だけに真実性がある。残念な立場にある町興し関係者や事業者もあるかもしれないが、これがホントの話である。

折りもおり、本稿執筆中の二〇一七年九月に前出の小菅桂子氏が生前残されたものから抜粋して『にっぽん洋食物語大全』が発刊（ちくま文庫）されたことは既述のとおりである。日本の食文化史の裏話、中にはライスカレー名づけ親の愉快なエピソードもある。

海軍には、ルーツこそないものの、それを凌駕するようなカレー文化――とまでは行かないが――カレーライスの工夫やカレー粉の応用があった。その伝統的精神は現在の海上自衛隊にも多分に継承されている。近年人気を呼んでいる「海自カレー」もその取り組みの勤勉さにおいて海軍とどこかでつながっていると考えたい。そのことは本書のこれからの展開に取り入れていくことにする。

この項の終わりに、文字に印刷された日本海軍の最古のカレーレシピとして間違いないと思われる明治四十一年舞鶴海兵団が発行した教科書『海軍割烹術参考書』から「カレイライス」の作り方を掲示する。

日本で国産カレー粉が最初に発売されたのが明治三十六年（別資料では三十八年）で、大阪・瓦町の薬種問屋オーナー今村弥兵衛が「蜂カレー粉」というブランド、「洋食どんぶりうちでも作れまっせ！」の宣伝文句で売り出したことになっている。

同店は、のち西淀川区に移転し、社名はハチ食品㈱となった。ハチ食品といえば現在もカ

日本海軍最古のカレー（カレイライスとある）のレシピ。明治四十一年発行『海軍割烹術参考書』から抜粋

三、カレイライス

材料牛肉（鶏肉）人參、玉葱、馬鈴薯、鹽、カレイ粉、麥粉、米　初メ米ヲ洗ヒ置キ牛肉（鶏肉）玉葱人參、馬鈴薯ヲ四角ニ恰モ賽ノ目ノ如ク細ク切リ別ニ「フライパン」ニ「ヘツト」ヲ布キ麥粉ヲ入レ狐色位ニ煎リ「カレイ粉」ヲ入レ「スープ」ニテ薄トロヽノ如ク溶シ之レニ前ニ切リ置キシ肉野菜ヲ少シク煎リテ入レ（馬鈴薯ハ人參玉葱ノ殆ンド煮エタルトキ入ル可シ）弱火ニ掛ケ煮込ミ置キ先ノ米ヲ「スープ」ニテ炊キ之レヲ皿ニ盛リ前ノ煮込ミシモノニ鹽ニテ味ヲ付ケ飯ニ掛ケテ供卓ス此時漬物類即チ「チヤツネ」ヲ付ケテ出スモノトス

カレー粉、その他のスパイス製造販売の老舗であり、同社のパスタソースもよく知られる。カレー粉の発売と海軍の最古のカレーのレシピとも符合するので、このレシピでつくる海軍のカレーは蜂カレー粉が使われたのかもしれない。

打ち明けてしまうと味気ないが、海軍が独自でつくったカレーのレシピではない。当時民間でもつくられていたようなレシピと変わりない。ただし、家庭料理なら材料の分量を明記したものが多いが、その記載はない。ほかの料理でも明治大正期の海軍料理書には分量が書かれていないのはホテルのシェフなどプロの手ほどきを受けていたからかとも考えられる。これも民間シェフのレシピをそのまま流用したのかもしれない。

カレー専門店のカレーは極めて多彩で、材料も盛り付け方にも違いがある。トッピングにいろいろなものを乗っけたり、辛さも1辛から5辛とか千差万別。八年ほど前、広島の平和公園近くのカレー専門店（チェーン店ではない）に「海軍カレー」というのがあったので入ってみた。三十数種のメニューから迷わず「海軍」を注文したらスプーンの形状がすこしヘラ型になっているだけで、味もありふれていてほかに海軍を連想させる中身ではなかった。「どこが海軍なのか」を聞いてみたかったが、サービス係は若い女の子だし、いじわる質問のようでよしたことがある。その後、店はなくなってしまった。

「どこが海軍カレーか？」という質問はほかでもありそうである。海軍が使っていたカレー粉というのなら、それだけで海軍式と言えるのだが……。根拠もないのに〝海軍〟を売りモノにされては海軍主計科の人たち（亡くなった人が多いが）にも申し訳ない気がする。

町興しにもなっている呉の販売用「海自カレー」のように、中身が海上自衛隊部隊（艦艇・陸上基地等）に由来するレシピに添った作り方をしてあるのは、逆に堂々と「海自カレー」として自衛艦旗（軍艦旗）も立てて大いに売れて欲しいと思ったりする。

⚓〝海軍カレー〟はイギリスからの直輸入？

明治初期にイギリス留学していた東郷平八郎元帥の青年時代のことを書いたが、イギリス海軍とカレーの関係について書く。といってもイギリス海軍は普段特別な料理を食べていたのではない。貴族などの家柄の出身者が多い士官はそれなりのメニュー、一般庶民上がりの下士官兵はそれに応じた食べ物で、海軍での士官、下士官兵の待遇の違いこそあれ食事は国民が普段食べているレベル以上のものではない。

イギリス人はあまり食事の質にはこだわらないと見えて、イギリス人が書いたグルメ本というのもあまりないようだ。食べ物のことを言ったり書いたりするのはジェントルマン精神に反するとでも思っているのかもしれない。

昭和初期に兵学校教師を務めたイギリス人セシル・ブロックも後年の著書『ＥＴＡＪＩＭＡ』では握り飯、ウィスキー、ビールは一ヵ所ずつ出てくるが、生徒の食事を批評するような記述はまったくない。ブロック教師が仕込んだものでもないが、兵学校でもあとの二校（機関学校、経理学校）でも、伝統的に生徒には「食事のことはとやかく口にしない」という教育が徹底されていた。だから、イギリス人に料理のことを訊くのはいまでも難しいようだ。カレー研究者の水野仁輔氏の近刊『幻の黒船カレーを追え』（二〇一七年、小学館刊）では水野氏がイギリスまで行ってカレーライスのルーツを探求し、空振りに終わる苦心談が面白く書かれている。

（注：セシル・ブロック／昭和七年から二年間、海軍兵学校英語教師として勤務した元ダートマス士官養成学校校長。当時の兵学校生徒の訓練、日課が英国人の目で記されている。『ＥＴＡＪＩＭＡ』の訳本は『江田島―イギリス人教師が見た海軍兵学校』〈銀河出版、一九九六年〉）

カレーもイギリス海軍から日本海軍経由で日本へ直輸入したものではなさそうだというこ

とを書きたくて遠回しにイギリス人の一般的食事のことを書いている。

もし、イギリス海軍が定番料理のようにカレーライスを食べていたとすれば、すでにその前から国民が食べていたことになる。そうであればイギリス海軍のメニューの一つとしてカレーが日本海軍に入ってきたということも言えるがその証拠もない。イギリスでは米も少しは食べるが、好んでは食べない。これもカレーライス＝イギリスというつながりは薄いと考える理由の一つになる。

イギリスと言っても、正式名はグレートブリテン及び北アイルランド連合王国というように昔のイングランド、スコットランド、一部のアイルランドの複合国家で、生活習慣にも違いがある。日本海軍が影響を受けたとすればロンドンや海に面したポーツマス、ダートマス、ノーフォークのあるイングランドが本家かもしれないが、そこまで考えても答えは出ない。

一口メモ　ローストビーフは簡単のように見えるが、うまいのをつくるには、肉選びがまず決め手になるらしい。プロは牛モモの赤肉を使うことが多いが、シェフによってはこだわりがあり、腕肉にごく一部あるミスジやトウガラシ（俗称）部位を使うようだ。大きい塊にスパイスをすり込み低温で数回に分けて焼く。うすく切りながら食べるのもポイント。グレイビーソースに、クレソン、ホースラディッシュなど添え物もいろいろ。イギリス人が自慢するだけに高級料理ではある。

言えることは、イギリス料理には世界のグルマンが憧れる料理などがないということだろう。唯一ローストビーフが自慢料理といえば言えるくらい。それを一週間分焼いておき、毎日食べていくが、残り少なくなったころにはかなり傷んでいる。もう、臭気も漂いはじめたようなローストビーフの使い道として、細切れにしてカレーにしたのだという。カレー粉の発明はイギリス人となっているのもうなずける。

イギリス海軍も国民性としての域を出ることはなく、士官には特権階級の違いはあっても食事は国民とかけ離れたものではない。海軍で独自にカレーライスを考案するような下地はないはずだ。

しかし、大英帝国は他国にさきがけて大航海時代初期からスパイス獲得に懸命だった。ローストビーフの牛肉保存用の胡椒ばかりではないが、インド、東アジア方面からの香辛料確保は航海の大きな目的だった。宝石と匹敵するくらい高い値で売れるから貿易の目玉商品だった。しかし、それぞれがインド洋へ乗り出していたのではまとまりがなく、大海原へ乗り出すリスクも大きい。オランダやフランスなどに出し抜かれてしまう。

イギリスでは、エリザベス一世の勅許を得て一六〇〇年に東インド会社という商社ができて、翌年には会社商船団の初航海となった。会社といっても単独の企業ではなく目的を同じくする数社の総合会社（ロンドン東インド会社が本家で、イングランド東インド会社、合同東インド会社が加入）で、ベンガル（カルカッタ）、マドラス（東海岸のチェンナイ）、ボンベイ（西海岸のムンバイ）を拠点として活動した。

インドは広く、領域の支配は藩王国単位なので言語はもとより生活習慣に大きな違いがある。それぞれ郷土料理があって他地域との交流もなかったが、イギリスの東インド会社によってブレンドされるようにもなった。その中のベンガルで獲れる米は日本のジャポニカ米に似ている（粘りがある）のだそうで、ターメリックやクミン、コリアンダーなどを石うすで挽いて使った伝統的スープ＝カレー汁とも言える――をかけて食べるのに合っていたという。前にふれた、インドから日本へ亡命（大正六年）したのがもとで新宿中村屋の「純印度式カリー」を創案するラス・ビハリ・ボースはベンガル出身なので地方色のあるカレーがうまく日本人の口に合ったのかもしれない。

　現在、日本のあちこちに「インドカレー」のレストランがある。味は違っても、共通点は日本のカレーのようなトロミがなく、スープ状でさっぱりとしているところだと感じる。ご飯もあるがナン（インド風のへら型の焼パン）で食べる店が多いようだ。

　インドカレーといえば東銀座のインド料理専門店ナイルレストランのゴパーレン・マダワン・ナイル社長は海軍大好きのインド人二世で、私とも話が合うのか昨年訪ねたときインドカレーの作り方も詳しく教えてもらった。ナイル店のインディアカレーもスープ状態でさらりとしている。革命運動家だったナイル氏の父アイヤッパン・B・M・ナイル氏が一九四四年に日本に亡命し、東京でカレー店をはじめたときの作り方そのままだと聞いた。ナイル社長は東京農業大の非常勤講師もしている著名人で同氏の食文化論はいくらでも聞き出せそうである。水野仁輔氏との共著もある。

ナイル氏の話を聞いても、香辛料の産出や扱い方、多彩な料理の作り方はインドが本家であるが、食べ方が違い、カレー粉の製造はイギリスに本家がありそうである。

話を東インド会社に戻す。

一八五八年まで二百七十年以上つづいた東インド会社の歴史は複雑で、それをここで概要を書くだけでも数ページを費やし、「それが日本海軍とどれほどの関係があるのか」となりそうなので日本や日本海軍につながるポイントだけにしぼる。

大英帝国の覇権主義と重なって本格的植民地化へと発展して行き、拠点には統治強化のためガバナー（総督）を置くこととなった。もともと東インド会社は国営商社のようなもので軍隊組織まで持っていた。その初代ベンガル総督に就任したのがウォーレン・ヘイスティングスで、若いときに会社の書記として入社したが優秀だったのだろう、頭角を現わし、のちにベンガル知事になり、一七七三年（一七七四年とも）ベンガル総督として十数年にわたって徴税制度の改革や法体系整備、軍備増強などに辣腕を振るった。インドの内紛に付け込んで本国の国益につながる大仕事もしている。

ヘイスティングス亡きあとの二年後がビクトリア女王時代（一八三七年六月即位）のはじまりで、大英帝国の植民地化も頂点に達する。晩年は初代印度女帝も兼ねた。世界史で知られる「君臨すれど統治せず」で、実際には現地に行ってはいないのかもしれないが、ヘイスティングスの実績が土台になった。

イギリスはスパイス類を国内外で売るだけでなく、ターメリック（ウコン）等数種をブレンドしたカレー粉を考案する。インドではせいぜいガラムマサラという複合調味料しかなかったのでカレーの歴史としてのイギリスの功績は大きい。

〝海軍カレー〟はイギリスからの直輸入か？　というテーマとの取り組みに、なぜインド総督の話を長々と書くのか、読者には首をかしげられる向きもあるかもしれないが、このヘイスティングス総督こそライスカレーをイギリスに伝えた人物ではないかと思うので、〝海軍カレー〟にも関係する重要な人物としてここで扱っている。

W・ヘイスティングス

研究者の間ではイギリスへのカレー紹介者がだれであるかは特定できないが、ヘイスティングスのベンガル総督期間とイギリスでカレーが知られるようになる時期が符合するという見方をする人もある。『カレーライスと日本人』（一九八九年、講談社刊）の著者森枝卓士氏も水野氏に匹敵するくらいカレー研究にかけては〝超〟がつくくらい時間を惜しまない。この人、熊本出身と奥付にあったので同郷の親しみを感じて本を買ったが、新書版でも中身がある。

森枝氏はカレーのルーツを調べるためロンドンの大英図書館にこもってイギリスで一番古いカレー料理を見つけ出したそうだ。その料理本にあるレシピは、

「みじん切りのタマネギとぶつ切りの鶏をバターで炒め、ブラウンに色が変わってきたら、ターメリックとショウガに胡椒を加え、クリームとレモン汁を入れて煮る」

という、たったそれだけの記述らしいが、これがヘイスティングスの〝本日のおすすめ定食〟だったのかもしれない。インド流で、鶏を使ったところがいかにもベンガル仕込みに見える。イギリス本国ではローストビーフの残りの牛肉を使うようになるのは前記したとおりである。

イギリスでのカレー粉の流通史で抜きに出来ない事績がある。

ヘイスティングスが「カリ」とよばれるブレンドスパイスを持ち帰ったとき、これに目をつけたクロス・アンド・ブラックウェル社という食品会社が考案して、ビクトリア女王に献上したのが「C&Bカリーパウダー」で、カレー史の中ではよく知られる話である。

ヘイスティングスのカレーとのかかわりは一七〇〇年代後期のことで、明治初期にカレーが日本に伝わるまでにはまだ百年を要した。カレーもあちこちで道草を食ったようで、牛肉や豚肉、鶏肉はいいとしても、カエルの肉を入れるのが普通になり、赤ガエルがとんだ災難に遭うことになった。カエルカレーのことは別項で少しふれる。

余談になる。

日本ではウォーレン・ヘイスティングスは知られないが、イギリスでは歴史上の人物として有名らしい。アガサ・クリスティの推理小説『名探偵ポワロ』で、昔ベルギーの戦線で知り合ったポワロの親友の退役陸軍大尉をアーサー・ヘイスティングスという名前にしている。主人公のポワロはベルギー南部のフランス語圏ワロン地方出身で、背丈が低く小太りで頭も禿げかかっているという設定であるが、ポワロの片腕となって事件解決に力を添えるアーサー・ヘイスティングスは典型的な英国紳士ということにしてある。アーサー王とヘイスティングス総督はアガサ・クリスティだけでなく、イギリス人の憧れなのかもしれない。本でヘイスティングスはカレーが好物とでもあればなお面白いが……。

ようするに、大英帝国女王の勅許で設立された東インド会社の存在がカレー文化を世界に広めたということである。

ただし、当時はどういうカレー料理だったかははっきりしない。まして、ターメリックを主とするいろいろなスパイスで調味したスープ、乃至はシチュー状のものを米の飯にかけて食べる日本のカレーライスのルーツは今ではイギリスにもイギリス海軍にもそれを証明できる資料はないらしい。

しかし、由来として最も濃厚なのはイギリスなのだというのが研究者たちの推測である。

くどいようだが、インドでは、日本のカレーライスのようなトロミをつけた食べ方はしない。しかし、スパイス類の扱い方はお釈迦様以前から生活の一部としてインドの国民は習熟しているだろう。ガラムマサラのような数種のスパイスをブレンドした粉末もある。そういうインド人の知恵のエキス的利用法がイギリスで複合スパイスであるカレー粉になったという考え方は不自然ではない。

カレー研究家水野仁輔氏は、イギリス本国ではとうとうカレーのルーツに出合えず、隣国のアイルランドのダブリンでようやくチキンを使ったカレーライスに似たメニューを見つけることができ、これぞカレーのルーツに近いと『幻の黒船カレーを追え』（二〇一七年九月刊）で書いている。

カレーが日本の国民食とも言える現在の地位を確保するまでには空白期間がある。日常食の一つとして芽生えるのは戦後のことで、それも昭和三十年代末期に近い。この「三十年代末期」というところに重大な「金曜カレー」の真偽の鍵がある。

「インド人もびっくり！」というカレーのコマーシャルがあった。昭和三十九年（一九六四年）のエスビー食品㈱の「特製即席カレー」で、ターバンを巻いた芦屋雁之助のコマーシャルはいまでもネットで再見することができる。このころがカレールウや即席カレーの開発最盛期で、エスビー食品、ハチ食品、江崎グリコをはじめ多くの食品会社や薬品会社が新商品開発に健闘した。

もともと、いつの時期だか知らないが、日本のカレーライスを食べたインド人が「初めて食べた！　珍しくておいしい日本料理だ」と言ったというエピソードもあるくらいで、カレーあるいはカレー粉はインドを素通りしてイギリスから日本へ伝わったというのは信じてよいようだ。ただし海軍のカレーの来歴は、イギリス海軍から日本海軍へというのではなく、民間レベルの興隆や食生活の変遷に追随しただけと考えていいのだと思う。

ついでながら、前記した芦屋雁之助のコマーシャルはいま見ると随分大胆である。インド人で頭にターバンを巻くのはシーク教徒だけで、多宗教から成るインド人のわずか一・九パーセント程度らしい。カレーといえばインド、インド人といえばターバン……この連想自体が日本人がいかにインドを知らないかという反省にもなる。逆に、日本人の多くは「ナマンダーブ」を唱えるから、お釈迦さまは間違いなく香辛料を使った食事もしているはずなので、カレー味の食事は身近にあったはず、などと考えるくらいはいいと思う。

インドカレーのついでに、古い話も古い話、お釈迦様の時代にさかのぼる。

コーヒー用のクリームに「スジャータ」という商品がある。お釈迦様が過酷な修行で栄養失調気味に陥ったとき、牛乳を混ぜたお粥を差し出してくれた女性の名がスジャータとされている。この伝説は詳しい物語となり、シッダルタ（釈迦のもとの名）は牛乳粥を食したあと近くのナイランジャーナ川で沐浴をしたとなっている。長

釈迦に牛乳粥を捧げるスジャータ

く風呂にも入っていなかった。スジャータの生い立ちまで書かれたものがあるそうで、物語の構成上若い未婚の女性となっている。絵画ではスケスケの薄衣で当然美人である。これならお釈迦様も元気が出る。

絵にあるように、お釈迦さまは絶食中でガリガリに痩せ、眼の下には隈《くま》も出来ている（筆者が少し強調して模写した）。

そういうときにいきなりカレーでも出されたら、いくら健康にいい印度カレー料理でも胃腸によくない。死ぬこともある。オシャカサマでもご存じないことを知っていて、ほどよいゆるさの牛乳粥からはじめたスジャータさんの介護サービスは栄養生理学の理にもかなっている。お釈迦様の様子を見て、そのあと塩分控え目のカレースープを出したのでは、とは私の想像であり、理想とする女性である。

話が横道にそれたが、なんといってもカレーのもとになるスパイスのご本家はインドである。日本に伝わったカレー（ライス）のルーツはイギリスにあるとしても、その先を考えるとインド抜きには出来ない。

〝インドカレー〟にはミルクティーが付きものだが、これも地産地消のようなもので、紅茶は近くのセイロン島（現スリランカ）が特産品。お釈迦様が乗ったという牛の乳を混ぜて、さらに、地域で採れる砂糖を入れるのはこの地方の生活や習慣の歴史そのものでもある。

こういうことからも、カレーに牛肉などは言語道断、因果応報になる（インドでは鶏は食べる。純インド風カレーは鶏のほか、ホウレン草や玉ねぎを豊富に使う野菜カレーが多い）。

もっとも、お釈迦様は「牛は食べてはいけない」という教えはしていないようで、弟子たちをはじめ、仲間内の約束事から発したことのようである。日本へ渡った仏教ではそこまで制約事項はないのがさいわいだった。四つ足のものは机以外なんでも食べる中国を経由したのがよかった。中国も古代はいいことをたくさん日本に伝えた。「子曰く……」（論語）など、ホントにいいことを言っている（実際には反対のことばかりやっていて、古代からの覇権主義は変わらないが）。仏教が大乗仏教でなく、中国を通らずに直接インドから伝来していたら戒律も違うものになったかもしれない。

カレーの伝来に余分なことまで書き添えたが、ちなみに私の宗旨は浄土真宗本願寺派（いわゆるお西さん）。檀那寺は品秀寺《ほんしゅう》という。広島は安芸門徒といい、多くの門徒を抱えるが、お寺さんでも門徒でも牛肉入りカレーも豚肉入りカレーも食べる。チキンカレーも勿論食べる。お恵みに感謝して何でもいただく。

カレーをつくるように、あれこれ話を取り混ぜ、あたかもごった煮のようになりながらも日本海軍がイギリスから直輸入——という図式は成り立たないことを書いた。

日本での洋食普及には先人（日本人、外国人をふくめて）の功績が大きい。

その中で忘れてならない代表にサリー・ワイルというスイス人で、フランスで修業した名高いシェフがいる。横浜ニュー・グランドホテルの初代総料理長である。

この人のことは拙著『マッカーサーの目玉焼き 進駐軍がやって来た』（二〇〇四年、潮書房光人社刊）執筆中に知った。一九二七年、同ホテル開業にあたってヨーロッパへシェフ探しに行った土井慶吉（のち常務取締役）にスカウトされ、日本で期待どおり腕をふるった。日本で、ローストビーフを客の面前で削いで出すサービス方法もこの人にはじまるとされる。

カレーも、サリー・ワイルがイギリスC&B社のカレー粉を使って、玉ねぎを飴色になるまで炒める独特な作り方だった。ワイルのカレーライスは日本の昭和期の高級カレーの手本になった。

サリー・ワイルは第二次大戦勃発で日本政府から強制収容のようなかたちで箱根や軽井沢に移住させられ、戦後本国スイスへ帰国した。ヨーロッパに帰ってからも日本から来る料理修業者の面倒をよくみた。日本や横浜が忘れられず戦後十四、五年たって再来日もしている。そのころ石原裕次郎と撮った写真もあると何かの本にあった。

もともと日本海軍特有の「海軍カレー」というのはなかったものの、イギリス産カレー粉が日本でも使われるようになり、それに倣《なら》って日本国内産カレー粉も考案され、海軍でもそれらが使われた、と解釈していいのではないだろうか。日英同盟の廃止と輸入制限もあり複雑な事情もある。

苦しまぎれの日本海軍とカレー、大英帝国時代からの遠回しのことを推論を交えて記した。

⚓金曜日はきまってカレーだった？

本書前書きで元統合幕僚長佐久間一海将の海上自衛隊創設六十周年での祝辞を引例に、海上自衛隊初期には「金曜カレー」という定番昼食はなかったこと、旧海軍でもなかったこと、それは近年いつの間にか出来上がった伝説であって、金曜日はきまってカレーだったというのは事実とは異なるという、海軍の伝統を正しく継承することの大切さをわかりやすく説き、現隊員への励ましの言葉とされたことを紹介した。

では、なぜそんなデタラメが横行するようになったのか。それはカレーの歴史、とくに昭和三十五年ごろから発売され、簡単にカレーライスがつくれるようになった即席カレーの素の出現からのちのことである。

明治時代は、カレーはとても家庭でつくれる料理ではなく、明治三十五年ごろまでは外食——それも西洋料理店で食べる高級メニューの部類だったことは前に書いたとおりである。カレー粉の販売で日本の家庭や陸海軍の給食にカレー粉が使われるようになるのはカレー粉発売（明治三十六年か三十七年）の後だということも記したとおりである。

カレー粉があれば、一応カレー味になり、牛肉、豚肉、鶏肉など動物性たんぱく質とじゃがいも、にんじん、ネギ（玉ねぎあるいは長ネギ）と煮込めばカレーにはなる時代に入る。しかし、それがカレーの作り方のすべてではない。簡単に見えるが、カレー粉だけでカレーライスをつくるのはよほどの工夫が必要である。「おふくろのカレーがいちばんうまかった」というのは一種のマザコンに似た郷愁であって、一流シェフが味見をしたら「なんだこりゃ！　犬だってまたいで通る」と言うにきまっている。

ためしに、わが家の犬（六歳の洋犬雑種中型犬）に私がターメリック、コリアンダー、クミンなど八種類のスパイスだけでつくった〝戦艦大和風〟カレーを小皿に注いで臭わせてみた。

ちょっと怪訝な顔（初めて出されたものには警戒する）をして匂いを嗅《か》いでいたが、すぐにうまそうに食べた！　家族に見られて、「刺激物はダメ！」とうるさいのでそこでやめたが、「夫婦喧嘩は犬も食わない」とは言うが、私が心を込めて（？）つくったカレーは犬にもうまかったようだ。

カレーを食べると眠くなるともよく言う。

私が海上自衛隊第一術科学校（江田島）で栄養学や食品学の教務（授業）をやっていたころ（昭和三十七、八年）、日によっては午後の授業でコックリコックリと舟を漕ぐ学生（専門分野の隊員）が目につくことがあった。私の授業が退屈なのかな、と気になっていると、学生のほうから「教官、昼飯がカレーだったもんで」と言い訳があったりした。

そういえば、兵学校の生徒もカレーの昼食のあとは眠くなったと書いた兵学校出身者の本をこれまで読んだことがある。秋元書房刊の保存版『海軍兵学校・海軍機関学校・海軍経理学校』（昭和四十六年六月初版）にも用語集の項に、

ライスカレー

「皿一杯に盛られた、兵学校で最もうまい食事の一つ。されど、午後の課業ではみな居眠り。教官もせんこく原因を承知していて叱りもせずに眠らせてくれた。なぜ、昼飯だけに出したのか、いまだにわからない」

と面白く書いてある。海軍も海上自衛隊も同じ――というより、だれもそういう体内反応があって催眠現象もあるようだ。

これは胡椒のピペリンをはじめ、ペパー（唐辛子）のカプサイシン、ウコンのクルクミンなど特性化学物質の摂取による一時的な体内反応であって、摂取によって盛んにその刺激物を順応させようと臓器機能が活発に働くので、そのあとグッタリするのだろうと、一応栄養学、生理学などを昔学校で学んだことを適用しただけの私の勝手な判断である。とくにカレー粉の主成分であるウコン（ターメリック）には肝臓を強化するクルクミンや胆汁分泌を活発にするターメロン、その他、フラボノイド、シネオールなど十数種の〝体によい〟物質がふくまれているカレーは健康料理の代表でもある。カレーを食べると発汗機能が促進されるのも体内反応である。一息つくころに眠くなるのは自然現象でもある。

そのころ江田島の海上自衛隊学校で金曜日は決まってカレーだったという記憶はまったくない。カレーの日は陸上施設でも昼前になると匂いでわかる。学生たちも午前の課業（授業）のときから昼の献立がわかっている。

私が担当する学生たちの講堂は江田島の、兵学校時代以来の、第一給食場といって毎日約千名の食事をつくる大給食場近く（兵学校時代の第一生徒館）だったから準備中の匂いでわかる料理もある。私はチョンガーの営舎内居住なので毎食学生たちと同じメニューを食べられる恩恵もあって、隊員給食のチェックも出来た。栄養学教官なので管理部から予定献立を計画する献立審議会メンバーにも加えられていた。

昭和三十八年といえばインスタントカレールウの販売が順調になりつつあったころで、業務用ルウも流通するようになり、江田島でもカレーはつくりやすくはなっていた。栄養士がカレーのメニューを考えることもあって、あるときの献立審議会で私が、「平日の昼食にカレーが出ると午後の教務(授業)がやりにくい。出すのなら週末がいいのでは……学生からもそういう注文がある」と提案したことがある。

昭和天皇行幸で出迎えの兵学校生徒(昭和5年10月23日)

「週末」というのは、当時は土曜日である。海曹士学生の時間に余裕のある上陸(海上自衛隊では陸上勤務でも外出は上陸という)は週末の昼食後だった。

カレーを平日のメニューからできるだけ外すという提案には数名の委員も同意してくれた。若造の私の提案がきっかけとはいわないが、ときどき出るカレーは土曜日になった記憶がある。毎週土曜日の定番メニューではなかった。

それではなぜ金曜日が週末になったのだろうか。

「金曜日はカレーだった」という伝説は、「週末は金曜日」という前提があってできている。したがって、昭和五十年代初期から数年、公務員等を対象に試行を重ねて現在のように公務員、団体、企業、学校等で国が推す「金曜日を週末に」の来歴にすこしふれておく。労働基準法による労働時間管理や週休二日制、完全週休二日制のことから書くと長くなりすぎるので省略するが、ようするに、土曜日は公務員も一般職場では休むようになり、なんとなく〝金曜日が週末〟となるのは昭和後期のことである。

五十五年ごろから一部の職場で土曜を完全休日（それまでは半休が多かった）とする試行がはじまり、公務員も個人単位で指定休日といって無理に（？）休まねばならない土曜日が二ヵ月に一回程度設けられた。その後、原則的に公務員は、土曜日には休むようになったのは昭和六十一年（一九八六年）ではなかったかと、防衛庁勤務時代の古いビジネスダイアリーを取り出して自分の場合を確認した。

この昭和六十一年には仕事上の鮮明な記憶が残る。ワードプロセッサーが出始めて約四年、防衛庁の職場でも一課に一台しかなかった。しかし、日中は課員の取り合いみたいなもので、一人で一時間でも独占して使うことはできなかった。

私は海上幕僚監部補給課衣糧班長という職務で、余分な仕事ながら配置上、当時急務だった単身赴任隊員のための食事管理の冊子を自主的につくることにした。その原稿をつくるワープロが空いている時間は土日しかなかった。しかし、土曜休日のおかげですぐにワープロの扱いに慣れ、同じ機器を自分で購入して仕事が進んだ。私の最初の出版物『図解・単身赴任者の栄養管理と献立の手引』（昭和六十一年『自炊のすすめ』の元本）の関係で当時のことをよく覚えている。

この当時の勤務体験を背景に考えると、海上自衛隊でも土曜日は基本的に休日になったので金曜が週末ということになった。つまり、艦艇部隊は行動の都合上、完全週休二日制をそのまま適用は出来ないが、停泊中は金曜日が週末として日課が組まれるようになった。それに合わせて「金曜カレー」がはやり出すのは昭和六十年代からということになる。企業などではこれに追随して「ハナキン」（現在はプレミアム・フライデー？）という造語もつくられ金曜日の夜は居酒屋などでのコミュニケーションの場となったりする。

なぜ金曜日はカレーが多くなったのか、これには食品業界の大きな前進が関係してくる。関係どころか、そこに金曜カレーの説話をくつがえすすべてもある。それをこれから記す。

海軍時代は、もちろん金曜カレーなどなかった。

古い話になるが、「月月火水木金金」というキャッチフレーズのもとに訓練に励んだ時期がある。日本海海戦でロシアに圧勝して海軍も気がたるんでいたのを引き締めるため土日を返上しての猛訓練だった。このモットーを造語したのはそのとき（明治四十二年）の第一艦隊司令長官・伊集院五郎大将とする説と、その前年の四十一年に日夜の猛訓練を見て某戦艦の分隊長だった津留雄三大尉が「これじゃまるで月月火水木金金じゃないか」ともらしたのが広まったとの説もある。

日向出身のこの津留雄三（のち）大佐は奇行でも知られる愉快な海軍士官で、兵学校三十期の卒業間近になって病気し、ハンモックナンバー（成績）は百八十八分の百八十九番（番外？）のような序列だったが、たくさんの海軍用語や略語をつくった。「戦艦大和のカレイライス」の章（第一章）のはじめのほうに上げた「アフターフィールドマウンテン」（あとは野となれ山となれ）もこの人の作らしい。

それはさておき、そのくらいの月月火水木金金で、とくに金曜日は猛訓練仕上げの日だった。「金金」のあとのほうの「金」は土曜日であることはいうまでもない。

この伝統は昭和になってもつづいた。

海軍兵学校六十八期の豊田穣氏の卒業は昭和十五年八月であるが、国際情勢からやはり猛訓練はつづいていたようである。著書『江田島教育』（昭和四十八年、新人物往来社）に、つぎのような一文がある。

「海軍にはたしかに『月月火水木金金』の猛訓練があった。私は、昭和十六年一月から四月まで、少尉候補生として、戦艦伊勢に乗り組み、四国の宿毛湾で連合艦隊の訓練を受けたが、この間、休日といえば、二月十一日の紀元節だけだった。その他の日は、連日太平洋に出て、砲術、水雷、航空の訓練が行なわれた。これでは、やはり、よほど江田島で体を鍛えておかねばもたないはずと痛感した次第である」

兵学校六十八期が卒業するのは昭和十五年八月で、そのころ兵学校生徒の食事も倹約型だったようで、めずらしく食事への願望がすこし書いてある。「トンバック」という煮物がよく出たらしい。冬瓜《とうがん》を薄いだし汁で煮ただけの、とても飯のおかずになるようなものではなく、豚でも尻込みしそうなので生徒間ではそう呼んでいたそうだ。

次頁の写真は『毎日グラフ』別冊「あゝ江田島—連合艦隊 その栄光から終末まで」（毎日新聞社刊、一九六九年八月）の写真の一部で、キャプションに面白い文言が付いている。「卒

兵学校のテーブルマナー教育実習

業前に洋食・和食の正しい食べ方も教えた。洋食はキングス・マナー、和食は小笠原流。『こんな犬のめしが食えるか』と皿に盛られたライスカレーにわめいた若者が紳士へと化粧替えされる過程であった」とある。紳士とはもちろん英国紳士である。〝ライスカレー〟の一字をこの古い雑誌から発見したので紹介した。昭和四十四年発行のこの『毎日グラフ』は数年前に古書店で見つけたものであるが、貴重な史料である。

話のついでに、マナー実習のその後を豊田穣氏の著作から引用すると、卒業前の恒例のテーブルマナーも昭和十五年になると、もう形だけで、かつてイギリス生活を体験した教官が「ハイ、そこでスープを音を立てずに飲む」とか、「パンは一口分をちぎってバターを塗る」とか動作を交えて説明するが、出てくるのは本物のスープではなく水だったり、パンもそこに「あるつもり」の授業だったと、豊田氏にとっては、「やったつもりの演習は正直うれしいが、食ったつもりのメシはほんとにうらメシい」体験だった。

それはさておき、これも本書の前書きで書いたことだが、海軍主計科士官だった人や主計を特技職（専門職域）としていた下士官兵だった人たち（昭和七年から終戦までに海軍にいた人が多かった）とは、私は海上自衛隊在職の前半期にかなり接することができた。もっとも、経理学校出身の士官といっても食事や糧食管理のことを訊《き》いても覚えている人はあまりいなかった。覚えていないというよりもほとんど部下任せだった主計士官が多く、ごく数人の人しか頼りにはならなかった。それが主計科士官の一般的認識だったようで、「海軍士官たる者、メシのことなどまでやってはおれない」という感覚があったようである。主計科の下士官兵だった人も〝めしたき〟時代のことはあまり話したがらない。

そういう人たちに「金曜日はカレーでしたか?」と訊いたとしても、「ウーン……」というだけだったろう。最近は、その伝説に乗せられたのか洗脳されたのか、「海軍では金曜日はいつもカレーだった」と言い出す人もいて、ますます混乱する。

「大和」の最期の出撃のとき測距員（遠方の距離を正確に測る測距儀係で、「大和」には長さが六メートルの大測距儀が艦橋の上部にあった）として乗艦し、沈没後、泳いで九死に一生を得た八杉康夫氏（昭和二年生まれ＝福山在住）も十年ばかり前のテレビ取材で、「そうよ、金曜日はいつもカレーだったよ」と言うので、知っている人だけに「それはないはず」と再確認したくなったことがある。兵科の上等水兵だったので、つくるほうではなく食べるほうだが、年月のせいか記憶が混濁しているようだ。戦艦大和での士官次室従兵としてオムライスサービスの思い出を語ってくれたのが、この人だった。拙著『戦艦大和の台所』でも紹介してある。

金曜カレーの真実を明かすのにずいぶん遠回りをしたが、前項でカレー粉の来歴のつづきとして、カレールウの素の発売とその利用の歴史を背景にすれば、答えは簡単である。

即席カレーの素の出現でカレーライスづくりは一挙に簡単になった。失敗することも、まず、ない。多くのメーカーが競い合って開発した苦心の結果で、まだこれからも日進月歩するだろう。どれもよくできているので、カレーをつくるなら利用しない手はないが、「おふくろのカレー」は完全に消滅した。

実際、カレー消費量が急増したのは昭和三十八年前後からである。

昭和三十四年ごろにモナカの皮に粉末状のカレーの素を詰めたエスビーカレー㈱の「モナカカレー」が発売され、爆発的人気を呼び、東京で学校卒業後に一人暮らしをしていた私も使ったことがある。しばらくして包装材の隙間から虫が湧くという問題が起こり、また即席カレーの空白期間となった。

もっとも、完全空白期間ではなく、小規模食品会社でも研究開発していた。

私が海上自衛隊に入隊したのは昭和三十五年夏で、横須賀教育隊で半年間の入隊教育を受けたあと佐世保で護衛艦の調理員として勤務したことがある。身の上話のようなことを書くのは、その二等海士としての調理員のとき、野中繁雄という二等海曹の調理員長（現在は給養員長と呼称する）が「（佐世保）補給所が今度カレーの素というのを契約したげな。チョコレートのような形で、割って入れるだけでよかとげな。一回試しに取って（注文）みようかと思いよっとバッテン、どぎゃんじゃろ?」と、翌月の献立を立案しながら私に相談してきた。二等海曹の調理員長が二等海士の新参隊員に相談するのは旧海軍では考えられないことで、恐縮だったが、栄養士の資格を持つ私に周囲は一目置いていたようで、大事にしてくれた。ダンスが好きな調理員長で、いつもステップを踏みながらまな板に向かっていた。

この員長の言っていたことも〝金曜カレー〟伝説をくつがえす証拠になる。

護衛艦の調理員としての実務体験はこのわずか半年だけで、そのあと公的技術を持つX線技師、歯科技工士などと一緒に栄養士資格で海曹として採用されるための入隊試験を受け直し、三階級一挙に飛び越えて三等海曹になった。その二年半後には一般大学卒業者とともにまた幹部候補生採用試験を受けて二階級上がった。「気をつけ」「右向け右」など基本教練をそのつど受けることになった。候補生学校を卒業して三等海尉になったとき、海軍出身の人から、たとえ三回戦死しても四年半で六階級も跳び昇進はできないとびっくりされた。私はいい上司や先輩に恵まれ、運がよかっただけである。

二等海士としての護衛艦以外は調理実務経験がないが、貴重な見習期間だった。何といっても海軍にいた人から生の声を聞けたのが大きな収穫である。

この護衛艦（「はるかぜ」）での半年乗り組みのとき、一度だけ海軍式カレーづくりにかかわったことがある。それは海軍と海上自衛隊と、そして国民の国民食カレーの歴史を振り返るうえで大事な実証になるので「海軍ではカレーをこうしてつくっていた」の章で詳しく記す。

初代ボンカレー
100万食限定販売
40周年で大塚食品

初代ボンカレーのパッケージ

大塚食品（大阪市）は十二日、一九六八年の「ボンカレー」発売から同日で四十周年を迎えたのを記念し、十三日から初代「ボンカレー」を百万食限定

2008. 2. 13 山陽新聞記事から

回りくどいことを書いているが〝金曜カレー〟伝説ができるのは、昭和三十年代末期に即席カレーの素が定着して海上自衛隊でも民間の集団給食場（学校、企業、病院などと）と歩調を合わせて利用するようになり、それが定着してからのちのことで、それもかなり年月が経ってからである。食品製造業界の努力が実って、つくりやすいカレーの素ができたことは何よりも業界の功績である。

昭和三十八年には松下電器㈱が電子レンジを発売し、一、二人前の「温めるだけのカレー」の普及に輪をかけることとなった。パッケージのまま温めるだけで食べられるレトルトパウチ食品としてのカレーは現在、アウトドア活動や防災用食品として拡大しつつある。

参考までに、戦後のカレールウの素の商品開発期を迎えてから国民の間に定着する時期までに発売されたいくつかの商品を、自衛隊のような集団給食向き商品ではないが、年史で並べてみる。現われては消えたもの、グレードアップされて名前を変えたものなど、懐かしい商品もあるので商品名に加え製造社名も併記する。その後、ハウス食品工業、江崎グリコ、明治食品、エバラ食品、ベル食品等カレーの素製造元は数多く、また、集団給食等大量に使用するカレーの素の中には中小企業の製品もあるようだが割愛する。

モナカカレー（エスビー食品）＝昭和三十四年（一九五九年）爆発的にヒットした。ほどなく前記の問題で回収された。

ベストカレー（エスビー食品）＝昭和三十九年（一九六四年）「インド人もびっくり！」はこれのこと。

ボンカレー（大塚食品）＝昭和四十三年（一九六八年）女優松山容子の看板は今も田舎の廃屋の板壁に見ることがある。

カレーの王子さま（エスビー食品）＝昭和五十八年（一九八三年）幼児向きの商品。

カレーのお姫さま（エスビー食品）＝昭和六十年（一九八五年）「王子さま」の姉妹品。

家庭向き商品なので、集団給食である海上自衛隊の金曜カレーの伝説とは直接関係はないが、時代背景の一つとして取り上げた。

海上自衛隊は、創意工夫と手間暇を惜しまず職務に邁進する海軍の伝統があって、給食業務でも同じことが言える。とくに、近年の即席カレーの素のように、家庭ではスープも取らないで、ほとんどそのまま、あとは具材を考えるだけということはせず——製造会社はそれでもよいような製品にしてはあるが——海上自衛隊はスープ段階から手をかけ、フネごとのアイデアカレーが多い。それが「海自カレー」として民間の飲食業界から注目されている主因だと思われる。

余談だが、呉では「大和のふるさと呉」グルメキャンペーン実行委員会が主催して在籍する部隊の自慢カレーを倣《なら》って「潜水艦そうりゅうカレー」とかネーミングを流用した「海自

護衛艦とね 特製キーマカレー
レギュラーサイズ750円（税
••••ハーフサイズ500（税
鶏ガラ使用のスープストックと、甘みが十分になるまで炒めた玉ねぎ、オーブンで焼いたカレーフレークを混ぜることで独特のコクと香ばしさを出しています。
呉市内版、海自カレーの例

カレー」が三十店（二〇一八年二月現在）あり、カレーシールラリーと称して全店のカレーを完食し、シールが三十枚そろえば「くれ観光情報プラザ」（呉市宝町）で記念のカレー皿がもらえる。二〇一五年四月からはじまった取り組みで、一年ごとに趣向を変えている。「カレーは海軍にルーツ」とか「海軍以来海自も金曜日はカレー」という作り話よりもよほど町おこしになる。

かくて〝金曜カレー〟は、前記の昭和四十年代初頭からの即席カレーの素（チョコレートタイプが多い）の出現で海上自衛隊でもカレーづくりが簡単になり、そのあと、昭和六十年前後から推進された週休二日制の社会的変革で、週末は土曜日ではなく金曜日という観念が定着し、訓練や日課等を加味して〝金曜日の昼食はカレー〟を定番料理とする艦艇部隊が増えたというである。伝説で語られてきた歴史よりもずっと新しく、近年のことなのである。

⚓カレーは曜日識別メニュー？

海軍時代には〝金曜カレー〟というのはなかったことを駄目押しする意味で「カレーは曜日識別の献立」説にも言及しておきたい。

「海の上では曜日がわからなくなるから、海軍では金曜日をカレーにしたのだそうです」

「昼食のカレーを見て、ア、今日は金曜日かと気づく隊員も多いそうです」

テレビ番組でそんなことを言っていた。考えたものではある。たしかに、面白くはある。

金曜日といえば「十三日の金曜日」というのもあるが、子どものころ夢中で読んだイギリス人作家ダニエル・デフォーの小説『ロビンソン漂流記』を思い出した。

フライデー
ハイ ご主人さま 今日は 金曜日 です
ホホウ フライデーよ お昼はカレーか ……

　船乗りだったロビンソン・クルーソーの話は一七一九年代（日本で言えば江戸中期の享保四年）の時代設定になるが、漂着した無人島での生活では、船乗りらしく「スマートで目先が利いて几帳面……」そのもので、漂着した日が九月三十日の秋分にあたる日で、北緯九度二十二分だったことを皮切りに、毎日、木の柱に刻みをつけ、曜日もちゃんと記録していく。毎日聖書を読み、日記もつける。犬、猫、オウムと一緒に、海上自衛隊の単身赴任者よりも整理整頓もよく、創意工夫しながらなんとかやっていく。
　二十数年もたったある日、近くの島からの蛮人（食人種）に追われてきた原住民の青年（原作では、二十六歳くらいの均整のとれた体格で明るい性格と、風貌ま

一口メモ ロビンソン・クルーソーが漂着した島はチリのサンチャゴから西約三百六十海里のファンフェルナンデス諸島の一つになっていて、小説が縁で一九六六年になってロビンソンクルーソー島と命名された。世界地図を見ると、たしかにある。地図にもないような島とよく言うが、立派に教育用社会地図にも載っている。

で詳しく書いてある）を助けて共同生活をすることになり、「フライデー」と命名する。金曜カレーの日だったからではなく、食人種にあやうくローストビーフかしゃぶしゃぶにされそうだったのを助けた日が金曜日だったからだった。イギリス人作家だけにこの付近の描写はじつに詳細である。曜日がわからなかったら、とりあえずサンデーとでもしておいたかもしれない。

ロビンソン・クルーソーはイギリス人らしくプライドが高く、救った青年に自分をマスターと呼ぶように命令する。命の恩人だからフライデーはその日から主従関係になる。食事づくりはフライデーの仕事である。

もともと船乗りは航海術のプロで、太陽や星を測定して自分の位置を割り出すという天文航法が原始的ではあるが最も頼りになる方法だった。それを書きたくてロビンソン・クルーソーのことを書いている。昭和三十七年（一九六二年）にヨットマーメイド号で単独太平洋横断に成功した堀江謙一さんの航海術は基本的に六分儀による天測だった。

天測とは、六分儀で天体の高度を測定し、天測表にある数表をもとに計算する。一七〇〇年代末期にはクロノメーターという精密な時計も併せて使うようになり精度が高くなった。当然その日が何月何日かはわかっている。

私が幹部候補生学校を卒業して新任三等海尉として遠洋航海に参加したときは、航海中は天測が日常訓練の一つだった。これは訓練であって、ロランやレーダーなど近代の航海計器はあっても大航海時代のような勉強もした。今では人工衛星を使ったＧＰＳが最も便利ではある。

それにしても船乗りが日にちや曜日を忘れるようではいけない。こういうのを「潮気が抜けている」と軽蔑される。ハイヒールで海上部隊視察をした防衛大臣がいたが、「潮気が抜けている」とはこういうのにも使う。

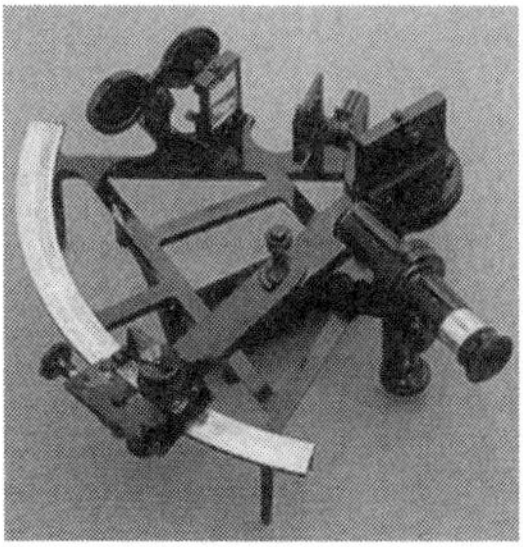
六分儀

潜水艦では、今は夜か昼だかわからないことがある。外や自然光が見えないからで、昼飯か晩飯か自分が食っているものが分かるように、夜は艦内の灯を赤くしてある。しかし、水上艦でも潜水艦でも乗組員は毎日数時間おきの当直があり、自分の当直時間を忘れるようでは言語道断で、立直時間帯は日にちごとに変わるように組むので、カレンダーや時計は一日に何度も見る。

したがって、すくなくとも現在の海上自衛隊員には日にちがわからないような者はいない。それでも午前十時ごろからどこからともなくカレーのにおいがしてくれば「今日は金曜」というサインにはなる。いまではうっかり別の日にカレーはつくれない。

⚓海上自衛隊のカレーは海軍からの伝承？

海上自衛隊は海軍の良き伝統を継承していると言われる。実際に、隊員たちもそういう認識を持って海軍の伝統を大切にしている。そうなると、最近話題を集めている海上自衛隊カレー（略して海自カレー）にもすこしでも海軍時代の味が残っていそうである。

しかし、それは牽強付会の説をなすことで、どこかのだれかが都合のいいように当てはめた話にすぎない。すくなくともそれは海上自衛隊側ではない。営業上、そうしたほうがうまくいくという立場にある人たち――早く言えば営業が絡んだ立場にある側の着意だったのだと私は思う。

呉には「海軍さんの珈琲」というけっこう実績の高いコーヒー販売店（正式社名「昴珈琲店」）がある。創業は一九五九年（昭和三十四年）だから創業の古さを誇る老舗とは言えないが、ユニークな商品が多く、創業期のコンセプトが生かされている。

私が海上自衛隊に入隊して呉との縁ができたのが昭和三十六年からで、そのころ昴珈琲店はまだあまり名が知られてはいなかったと思う。当時の社長に店でちょっと聞いたことがある。社長は誠実な人で、制服姿の私に創業のきっかけを寸時話してくれた。その二十年ほどあとにも聞いた。総合すると、つぎのようなことだったように記憶している。

「海軍コーヒーとは言っても一律なものではなく、まして終戦末期となるとどんなコーヒーが飲まれていたかわからないのが普通です。戦後もずいぶん経っているので、はっきり味を覚えているような人はなかなかいません。ただ、地元に「大和」などに乗っていた人もいるので試飲してもらうと、うん、こういう味だった……くらいのことは言ってはくれますが、確かではないことは私にもわかっています。そういうことから、海軍ではこういうコーヒーを飲んでいたのではという想像を交えたものを焙煎し、海軍珈琲というブランドにしています。東南アジアの豆から選んで、フツウよりもすこし深煎りしています」

最初聞いたときは「そんなものか……」というくらいだったが、社長の営業方針とも併せ、その後、それでいいのではないかと思うようになった。「海軍さんの珈琲」というブランドで商品のパッケージに戦艦大和の影絵を使い、軍艦旗もあしらったデザインもいい。苦みのほどよい高級感があり、私はよく県外の知人へのちょっとした手土産にもする。その後、店の規模も大きくなり、順調のようで安心する。「海軍さん」のに限らずいろいろな産地のコーヒーが店でも楽しめる。

「海軍さんの珈琲」を引き合いに出したのは、「海軍カレー」というネーミングにこだわるのなら、昴珈琲店のように、はじめから「海軍で飲まれていたという確かな証拠はありませんが海軍に愛されたコーヒーはこんなものだったのではないか、想像ではあっても、コーヒーも飲めずに死んでいった人たちにも飲ませたかった――そんな創業の動機もあります」という初代社長の理念を重ねたかったからである。

念のため、本稿執筆中に現在の社長細野修平氏に訊いてみた。ちょうど小学生のグループに店内でコーヒーの話に寄せての平和教育中だった。わかりやすい話で子どもたちも熱心に社長の話を聞いていた。そのあと電話をもらって聞いたのは、つぎのようなことだった。

「父は長州人で、そのせいか何事もいい加減で済ますようなことがない、いわば凝り性なところがあって、創業にあたってもずいぶん研究し、海軍関係の人……呉工廠にいた人とか、にも聞いて回ったようです。昭和十二年生まれなので人に尋ねるほかなかったからです。呉の土地だけに平和への願いもあって、いまでは簡単に飲めるコーヒーも平和だからこそという思いを伝えたいと言っていました。私も父から受け継いだこの仕事にはそれなりの信念を持って取り組んでいます。売れればいいというだけでなく……です」

昴珈琲店のように、〝海軍カレー〟というからには、よく歴史を調べてどこかに、海軍らしい特色を付けたものにすれば、堂々と〝海軍カレー〟として通じるのではないかと思う。お客から、「どこが海軍カレーなのでしょうか?」と聞かれても店員が答えられないようでは情けない。前記した「スプーンの形を少し変えてあります」(いじわる質問にとられるので質問はやめたことを書いたが)では答えにならない。

所詮《しょせん》、料理というのは、絶対この味でなければというものではない。早く言えば、よそにない特色と美味しいものであればいいと私は思っている。その中に、海軍というなら海軍らしいポイントがあって、昴珈琲店のように、つくる側がコンセプト（理念）をしっかり持って商品化することが大切だと思う。

昴珈琲店社長が「父はなにごとにも凝り性なところがあって……」と言っていたが、「凝り性」という言葉はいい。ときおり飲食店経営者が「こだわりでつくってる」と、「こだわり」を宣伝にしたりするが、自分でつくるものを売るのが商売ならこだわりは当然である。何のこだわりなしのラーメン屋などうまいはずがない。言葉の使い間違いで、勉強不足。ちなみに、大辞林は「こだわり」の意味とともに、「本家からこだわりのくる嫁をとり」という柳多留拾遺（江戸中期から幕末まで刊行された川柳集）まで引例してある。「凝り性」については私が知ったかぶりで解説するまでもないだろう。仕事をするうえで大事な言葉でもある。

海軍の烹炊担当者には職人根性とも言えるような「凝り性」が多かったのではないかと思う。とことん突き詰めて仕事に取り組む姿勢——戦後、料理専門家として有名だった元海軍主計兵曹・土井勝料理専門学校長（大阪）もその代表だと思う。

昭和六十三年に一度土井先生から葉書をもらったことがある。「海軍時代に、縁あって衣糧の仕事をしましたが、生涯のいい勉強でした……」と簡単ながら経理学校時代の下士官としての教官体験などが記してあった。私が作成した単身赴任者向けの食事管理法が新聞やテレビで話題を提供したのが土井校長の目にとまったようだった。文末に「海軍の伝統を大切にしてください」と結んである。光栄なことで、そのハガキは現在も大事に保管している。

現在の話題性も高い海上自衛隊内でつくられるカレー、呉市の飲食店組合が主旨に賛同して、フネを選んで、作り方のポイントを習得して自分の店で販売している「海自カレー」は海軍直伝ではないが、海軍の精神的伝統はどこかに反映されているはずである。

主計関係者は、職務とはいえ、料理づくりにはことのほか熱心に取り組んだ、「フネは重油で動く、兵はうまい飯を食ってこそ働ける」という戦艦大和烹炊員長の言葉（小説『男たちの大和』）にはそのプロ精神がうまく表現されている。海自カレー＝海軍カレーではないが、両者の間に収斂マークは入れられそうである。

しかし……である（行を空けるくらいあらたまったことを書く）。

海軍のカレーはうまかったといわれる。

NHKドラマづくりで、最初の打合せのときスタッフから、「戦艦大和のカレイライスはどんな味だったのでしょう?」と聞かれたが、昭和十四年生まれの私にはわからない。

私　最期となる出撃の半年前まで大和に乗っていた戸田忠男という元水兵の人と昭和四十二年に横須賀の駆潜艇で一緒に勤務したことがあります。そのころは二等海尉になっていて、戸田砲術長も「大和のカレーはうまかった」とよく言っていました。

NHK　どんな味だったんですか?

私　そういわれても、私にはわかりません。戦争末期はまともな食材でつくった料理ならなんでもおいしかったとしか……（笑い）。

NHK　そりゃそうですよね（笑い）。どこに作り方のコツがあったのでしょう？

私　こんな話があります。主計長の石田恒夫少佐（注　経理学校二十四期。昭和十一年三月卒。生還。戦後、戦艦大和会会長）が、その前のレイテ海戦のとき、烹炊員長に「メシの時間は少し遅らせてもいいぞ」と言ったら丸野庄八二曹がムッとして、「こんくらいの戦闘で飯が遅れたとなっては我々の恥です。時間どおりにできます！」と答えたそうです……大和でも最期まで給食担当者は手抜きせずに頑張った。職務に忠実で勤勉だった海軍の下士官兵の伝統からも想像できます。どういうときでも、「うまい飯をつくって食わせたい」――戦艦大和のカレイライスもそうだったと思います」

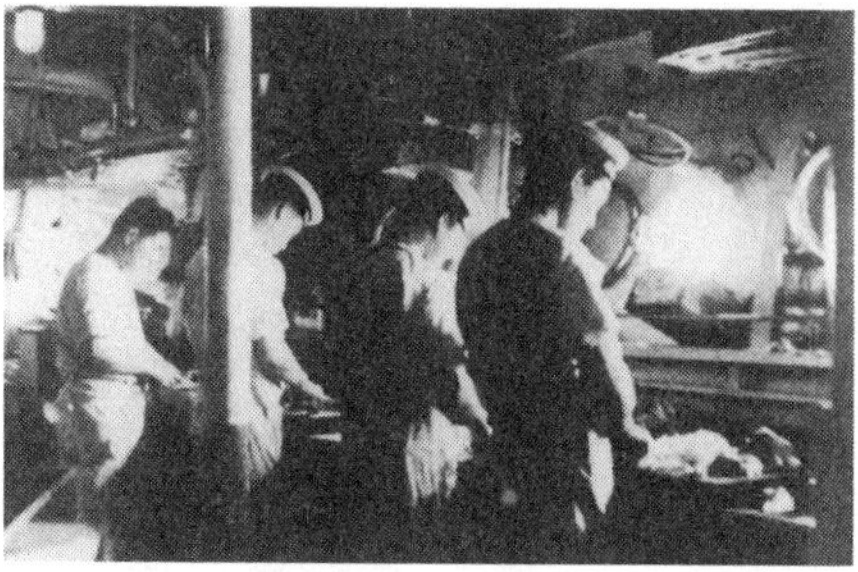

重巡高雄の士官烹炊所で勤務する主計兵。右端の無帽の人物は軍属の「割烹手」。腕のいい職人には割烹長とかコック長と敬称をつけて大事にされた。（藤田昌雄著『写真で見る海軍糧食史』〈藤田昌雄氏の資料から〉）

そんな問答を交わしたのを覚えている。

阿川弘之氏の小説に『カレーライスの唄』という中編小説がある。会社倒産で失職に遭った男女がカレーライス店を開業する話を軸に、人生模様やストーリー展開のための挿話が交ざり、カレーのごった煮のように織り込まれた話である。古い著作ではあるが、二〇一七年八月の阿川氏の死去で最近再版（ちくま文庫）

Boys be ambitious !
And boys, take Curry
for your health !
クラーク博士がカレーを広めたという話も北海道へ行くとよく聞く。

されたもののようだ。

阿川氏の随筆の中にもよくカレーが出てくる。『食味風々録』は最初が「米の飯・カレーの味」からはじまる。ページが飛んで、すこしあとに「かいぐん」があり、戦後は仲間内で肉じゃがを「かいぐん」とよんでいたいきさつが面白く書かれていて、発見された舞鶴にあった海軍教科書の「肉じゃが」のことが、私の名こそないが、正しく書いてある。

『食味風々録』の中のカレーの記述はかなり詳しい。あの、「ボーイズ・ビ・アンビシャス」のクラーク先生とカレー伝説の紹介（筆者注：札幌農学校のウィリアム・クラークがカレーを寮生に勧めた話は逸話として残っている。確かなことではなく一種の伝説どまりである）をしたあと、インドのスパイス、カレーの説明が微に入り細に入り講釈され、「カレーこそ和製洋食だ」と結んでである。

海軍在任中のカレーの食体験こそ書いてないが、阿川氏は著作を通して海軍と言えば、まずカレーに結びつく思い出が強いことがわかる。大作家が、カレーといえばカイグンに思い出が結びつくところが嬉しい。

海軍と言っても明治五年二月の「海陸軍」（当初の呼称）創建から昭和二十年十一月（解隊）までの七十三年間の歴史の中でいつごろのカレーがいちばんうまかったのかは想像する

一口メモ 阿川弘之。広島市白島九軒町出身。東大国文科修業後、昭和十七年九月海軍予備学生として入隊、十八年海軍少尉任官、語学経歴から中尉昇任後支那方面艦隊司令部付で通信業務に従事。二十一年二月復員、いわゆるポツダム大尉。二〇一七年八月三日没、九十四歳。

ほかない。明治二十年代まではまだカレーライスのはしりでまだ庶民は簡単に食べられない。それなりの階層の国民が外食で食べる垂涎の西洋料理だった。

食生活史からみると、明治五年刊の『西洋料理指南』という珍本（著者は「敬学堂主人」とあるが、詳細不明の著者）で、その前年に、牛鍋の戯画でよく知られる元新聞記者・仮名垣魯文の『安愚楽鍋』（一八七一年）が出されたり、『西洋料理指南』に遅れること数ヵ月後に同じく仮名垣魯文の『西洋料理通』が発行されたりしていて食べ物にも明治維新があった。

この明治五年という年は、カレーどころではない国内政治、経済、国民生活の大変革の年でもあった。海陸軍省の設置、文部省（教部省）の設置、新橋・横浜間の鉄道開通、日本紀元の制定、貨幣単位の円・銭への切り替え、太陰暦から太陽暦への切り替えなどなど、それも岩倉具視を正使とする欧米使節団（副使＝木戸孝允、大久保利通　伊藤博文、山口尚芳など）の外遊中に留守番（大隈重信ほか）だけで改革を断行したのだから明治の人間は度胸がいい。憲法改正論が遅々として進まない現代と重ねると、国民の体質も変わってしまったのだと思ったりする。

戸惑ったり、右往左往する国民を尻目に国民生活に影響する数々の改革や、その前（明治三年）から山県有朋が進めていた徴兵制採用論も頂点に達し、十一月に徴兵告諭が成り、年明け早々に徴兵令も公布された。陸海軍兵士に何を、どれだけ食わせるか、そんなことも基本的事項としてつぎつぎと決めてしまった。兵食として一日に精白米五合を支給するというのもそのときの決定だった。

そうはいっても、当時では完全に舶来料理に属するカレーを日本の軍人たちが食べるようになるとは思わない。

ただ、前にふれたとおり、この明治五年の正月二十四日に明治天皇が当直番の舎人たちが内々で食べている牛鍋のにおいに誘われて、「朕にも食させてみよ」と言われるので、恐懼《きょうく》しながらも舎人が差し出すとおいしそうに食されたと、これも伝説の部類ではあるが日本の食文化史上に記されている。

「明治天皇が牛肉を食したことが明るみに出ると海軍ではいち早く西欧人が食べる食材に関心を持ち、家畜牛も食べるようになった」と、面白く書かれたものが多いが、真相は違うようで、きちんとした天皇の考え方で牛肉の試食の意向を伝えての食肉だった。

日本食生活年表では、前記の明治天皇の牛肉試食よりも二年前に海軍（まだ海軍省はなく、「兵務省務」の「海軍掛」の時期）では食肉の調達をしていたと記録されている。

そういう背景を考えると、海軍では西洋から来たカレーへの下地は早くからできていたといえる。民間の流行に追随しただけとはすでに書いたとおりであるが、イギリスから渡ったものとなればさらに馴染みやすかったに違いない。

ことのついでにいうと、『西洋料理指南』のカレーレシピには牛肉、豚肉、鶏肉、または赤ガエルを使うとなっている。カエルをカレーに入れて食うとは日本人にはゲテモノに見えるが、カエルも、食べてみるとうまいとは思えないが、ヘンな味ではない。カレーではなく、私は空揚げで食べたことがあるだけだが……。

海軍ではカエルは使わなかったようだが、カエルカレーのことは次章でもうすこし詳しくふれる。

第三章　カレーの予備知識として

この章は、書いていることが〝海軍カレー〟の話とは離れているようにみえるかもしれない。著者の薀蓄《うんちく》めいたことを言ってるだけじゃないか、と思われるかもしれない。それを承知で、カレーをもっと愉《たの》しんでもらうための下地――言ってみれば、カレーをつくるときのブイヨン（スープストック）みたいなものだと思って読んでもらえれば幸いである。

即席カレールウならブイヨンがなくてもつくれるが、コクが違ってくるはずである。カレーを食べるとき、いっそう深まりが出ればという気持ちもあって一つの項を設けた。

⚓アメリカ南部のケイジャン、クレオール料理

まず、スパイスをふんだんに使うアメリカ南部料理のことを書いておきたい。カレー粉もスパイスの組み合わせにほかならないので脱線とも言えないかもしれないが、カレーについての予備知識といった程度の内容である。

アメリカへはよく行く。空港に着いたらその後の移動はすべてレンタカー。一回二週間から二十日間。そのつど、観たもの、食べたもの、感じたことを記録し、ルートや走行距離、

給油地点など、データで遺している。五十八歳すぎてからこれまで十三回、総走行距離七万五千マイル（約十二万キロ）を少し超えている。

ハイウェイパトカーに停められたことは数回あるが、罰金を払うまでには至らず、無事故でほぼアメリカ本土を回った。ロッキー山脈も数回越えた。ミシシッピー川添いに、河口のニューオリンズから三日かけてミネソタまで上ったこともある。

行く目的は漠然としているが、理由のひとつにアメリカ人の食生活観察がある。国民の平均的体形を見れば、どんなものを食べているか、栄養学の知識から大体わかる。

昔、日本では欧米食が理想だと、一種の憧れまであった。とくに戦後はアメリカ人の生活を何でも手本にしがちだった。しかし、近年は逆で、欧米人が和食にあこがれるようになった。アメリカのスーパーマーケットも日本の食材の種類や販売量に二十年前とは雲泥の差がある。

そういうアメリカにも変わった伝統料理がある。南部のケイジャン料理やクレオール料理がそれで、スパイス類をたっぷり使い、作り方にも独特なものがある。そのスパイスの中にはカレー粉の原料にするものも当然あるはずだと、多少の遊び心もあって、八年前、ダラス・フォートワース空港を出発点にして、ニューオリンズへ行き、ついでに料理教室の半日コース南部料理講習を受けてみた。

その前日にガンボスープやザリガニなども食べていたので、南部料理がどんなものか少しはわかっていた。料理教室の料理はやはりスパイス類の使い方が珍しかった。

そういえば、前日テキサス方面から車で多数の沼沢（バイヨーという）に架かった橋も渡ったが、ミシシッピー川の河口を過ぎてニューオリンズの中心街フレンチ・クォーター地区に入ったとたん、街全体に特殊なにおいを感じた。バリ島デンパサールの市場の匂いとは少し違う。これがニューオリンズのにおいのようだ。その二年後にも行ったのでよく覚えている。ルイ・アームストロングとニューオリンズが重なったような（？）感じである。

言ってみれば、ケイジャン料理もクレオール料理も、もともとフランス料理にルーツがあるが、ケイジャン料理はカナダとアメリカ本土にまたがる昔のルイジアナ（フランス領で、アメリカが一八〇三年に購入）を経由したことで、少し作り方に違いができたらしい。

一回目のときクレオール料理を習った料理教室はフレンチ・クォーターの〝竹下通り〟のようににぎやかなバーボン通りとセントルイス通りの交差する付近にあった。近くに小泉八雲が日本に来るかなり以前にこの街で新聞記者をしていたそうで、住んでいた家もある。この辺でラフカディオ・ハーンと言ってもほとんど知られていない。

ニューオリンズにも有名な幽霊屋敷（十九世紀初め、女主人による大量奴隷殺人事件。亡霊がいまでも出る？）があるのに、ヘルン先生はそっちには関心がなかったようで、日本に来て耳なし芳一や雪女のほうを物語に選んでくれた。同じユーレイでも日本のは情緒がある。とくに平家琵琶がよかった。琵琶のバチ音が入って、「芳一〜」……ベロン♪ベンベン……とくるから、話にも深みが出る。ニューオリンズはジャズの発祥地で、「芳一〜」のつぎにトランペットやトロンボーンで♪プカー！　と鳴らされては効果が違ってくる。

雪女も寒いからいい。ニューオリンズの夏は夜も汗をかく暑さで、ジトジトしているのに幽霊女にからまれてはいっそう逃げ出したくなる。もっともニューオリンズでも二〇一七年冬は二度ばかり降雪があったとニュースで言っていたからアメリカの天候は変化が大きい。

スパイスとは関係ないことを書いたが、脱線回復、料理の話にもどる。

クッキングスクールでは四種類の郷土料理を習った。最後の一つは砂糖菓子のようなもので料理というほどではないが、それにもなんだかよくわからないスパイスを入れて焼いた。

ニューオリンズのクッキングスクールで（2002年6月）

それぞれの料理に入れるスパイスはすでにブレンドしてあるので何が使われているのかわからないが、カレーのにおいはしない。とにかく複雑なにおい（匂いでも、臭いでもない）で、説明しにくい。ようするにニューオリンズのにおいだった。

料理教室の先生は七十歳くらいの婦人で、彼女とも少し話をした。一度だけ東京へ行ったことがあり、日本料理、とくに浅草で食べたお寿司がおいしかったこと、日本の米はおいしいと言っていた。料理教室の経営者だから単なるお世辞ではないだろう。もっとも、講習がはじまる前に私のほうからあいさつしておいたからか、先生が三十人ほどの生徒（ほとんど観光客）に「今日はジャパンからも来ています」と私を紹介してくれたので、私も調子に乗って、「このエクササイズを受けるために日本から来ました」とオーバーなことを言って皆から拍手を受けた。そのためにわざわざ行ったわけではないが、金曜カレーのような作り話ではないし、アメリカ人はこういうジョークを歓迎する。ついでに「ヒロシマから来た」と言うといっそうインパクトがあるようだ。それを利用するつもりはないが、アメリカ人はヒロシマと聞いただけで一瞬シャンとなる。

ケイジャン料理もクレオール料理も米を使うことが多い。伝統的な長粒種で、粘りのないパラパラした感じがあるが、カレー風の煮込みをかけたり、別皿でスープのようにして食べる。インディカ米はもともと『風と共に去りぬ』（南北戦争）以前からの長い歴史を持つアメリカ南部米である。

二回のニューオリンズ訪問では、野菜、ザリガニなどを使ったライス付きの伝統料理を数種食べたが、カレーライスに近い味には出遭わなかった。米を使った南部料理といえばジャンバラヤがあるが、ジャワのナシゴレンに似てはいるが材料にザリガニなどが使われていて特有の香りがする。もちろんカレー味ではない。

カレーに出遭わなくてよかったのかもしれない。「なんだこれ、日本のカレーと同じじゃないか！」……ではかえって南部料理にがっかりしたかもしれない。独特のスパイスの香りと味が南部の持ち味のようだ。オクラがたっぷり入ったガンボも最初はにおいにすこし抵抗があるが、三回くらい食べると病みつきになりそう。ガンボとザリガニと生ガキを食べるだけでもまた行きたくなる。

写真説明（上から）

チキン・アンドレ・ガンボ

代表的南部料理。ガンボスープには種類が多く、それぞれ材料に違いがあるようだが、オクラを入れるのが基本らしい。オクラとはあの粘りのあるトロロアオイ属の食用果実

である。南部料理では伝統野菜の代表。アンドレとはフランスのソーセージのこと。

シュリンプ・クレオール

セロリ、クローブ、パセリ、胡椒、赤唐辛子、月桂樹の葉、トマトピューレ、玉ねぎなどを使うが、やはりカレーに使うスパイスはほとんどない。これにターメリックやガラムマサラでも入れたら即カレーになりそう。見た目はまったくエビカレーであるが、味は別もの。

ザリガニ・パイ

アメリカザリガニはクロウフィッシュという。魚には見えないが、ハンク・ウィリアムズの作曲で、日本でもよく知られる「ジャンバラヤ」にも歌詞の二番に「♪ジャンバラヤ・アンド・クロウフィッシュパイ・アンド・フィレガンボ～♪」と出てくる。写真ではザリガニを丸ごと付けてあって、Son of a Gun！（なんてこった！　というような南部の感嘆詞）と叫びたくなるが、これは写真の飾りで、普通は身をほぐして料理する。

香辛料さがしにはじまる大航海時代の余波は、その後、全世界に少なからず影響を及ぼした。食文化だけでなく、タバコや性病もその中にある。

食文化で言えば、インドをはじめ、東南アジアの香辛料とアフリカ大陸周辺、大西洋・カリブ海周辺の島々から採れる香辛料には重複するものと独立するものがあるようだが、交易や食習慣の違いが反映されているのだろう。

アメリカ南部料理にもターメリック（ウコン）やクミンなどを使うものがあるかもしれないが、私には確認できなかった。米もこの地方（ルイジアナ州）では昔から食べていたし、カレー粉も少し入れればそのままカレーライスになりそうな料理があるのに、食習慣には何百年も変わらないものがある。それが食文化である。

南北戦争で多くの南部文化が『風と共に去りぬ』となったと言われるが、何度も行っていると、そうでもないなと感じることがある。そういうところに、いまだにアメリカ合衆国の難しい問題もある。「今晩はＫＫＫが出るという情報があるから気をつけて」とホテルのマネージャーにアドバイスされたこともある。さいわい、そういう場面を見たことはなく、人種差別的な現実に出遭ったことはない。難しいことを言うつもりはないので、カレーに話を戻す。

⚓カレー粉とは

これまで、十六世紀から十七世紀にかけてスパイス類がインド方面からイギリスへ渡り、とくにカレー粉になる主な原料は一七七〇年代後半にインド初代総督ウォーレン・ヘイスティングスがイギリス本国に持ち込んだのがはじまりとされる。ロンドンのエドモンド・クロスとトーマス・ブラックウェルという仕出し屋の料理人がこれに目を付けて、クロス・アンド・ブラックウェル（C&B社）という会社を起こしたこと、約百年後の明治時代になってカレー粉としてこのC&B社製カレー粉が日本にはじめて輸入したことは前に書いた。

そのカレー粉とはスパイス類をどういうふうに配合したものなのか、まだそれには触れないまま、カレー、カレーと言ってきたので、ここで、そもそもカレー粉とはどんなスパイスからできている調味料なのか、すこし詳しく書いておきたい。

一般的にいうと、現在市販されているカレー粉は二十種以上、隠し味を入れればさらに多く、三十種類以上の素材が混合されていると思われる。ちなみに、私の手元にあるカレー粉の缶に記載された材料をみると、考えるまでもなくイギリスの「C&B」社をもじったものにほかならない。社名がエスビーというだけに、カレー粉にかけての自信のほども感じられる。

エスビーには品名「カレー粉」とあり、「原材料名」は順に、ターメリックス、コリアンダー、クミン、フェネクリーク、こしょう、赤唐辛子、陳皮、その他香辛料……と書いてある。「その他」に会社の隠し味もあるのだろう。隠しているのではなく、家庭用の小さな缶（三十七グラム＝三百三十円）では、書ききれないこともあってかもしれない。拡大鏡を使ってようやく読めた。

東銀座のインド料理専門店「ナイル」の小型缶（百グラム＝六百円）はエスビーより大きいので、書いてある字も大きく材料名も読みやすい。ターメリック、コリアンダー、チンピ、クミン、フェネクリーク、ナツメッグ、シナモン、フェンネル、赤唐辛子、ジンジャー、クロープ、スターアニス、カルダモン、甘草、ブラックペパー……と十五種が記され、「その他」はないが、微量素材もいくつかあるに違いない。

　老舗のハチ食品やハウス食品、江崎グリコ、大塚食品などの製品の表示も紹介しなければ不公平であるが、ここは製品を推薦するのではなく構成成分の説明なので省略する。

　ちんぴ（陳皮）は乾燥したミカンの皮を粉砕したものであり、蕎麦の発展とともに唐辛子粉の需要も増すようになり江戸時代後期に増量目的でミカンの皮を入れたのがはじまりともいう。

家庭向けカレー粉の例（左はナイル製、右はエスビー製）

　カレーをつくるには、前記したエスビーカレーやナイルカレーの成分構成からもわかるように、スパイスになる植物の葉や皮、実が使われているようだが、種類が多ければいいというものでもないらしく、個々のスパイスのブレンドの仕方に秘訣がありそうなことは素人でもわかる。

　カレー研究家水野仁輔氏も八種から六種でそれなりの美味しいカレーライスがつくれると言っている（著書等）から、混合割にコツがありそうだ。水野氏のコメントをもとにスパイス類を買ってきて実際につくったこともある。

　数回の試作のあと、呉青年会議所から頼まれた二〇一七年夏の呉サマーフェスティバルでの『戦艦大和のカレイライス』イベントで復刻した。いい結果を得たので、この話は別途詳述する。

既製品のカレー粉は製造元で研究を重ねた結果の製品なので、それぞれ個性があり、完成度が高い商品だと思ってよい。それでも、カレー粉として売られているメーカーの商品を使ってカレーをつくるには、即席カレールウと違ってスープ（ブイヨン）が必要で、だしを取る材料（鶏ガラなど）の準備や煮出す手間が要る。家庭料理は本来こういう手間がかかるところに、つくる面白さや家族のためにつくる喜びもあるのではないかと思うことがある。

問題は、商品をそのまま使える即席カレールウの素にある。即席とは、そのまま使っても簡単においしくつくれるという便利さが最大のメリットであるが、逆に、「カレーをつくるって、それでいいのかな？」とも思ったりする。

このインスタントカレーの問題には、つくって食べる側への課題とともに、もうひとつ、すでに入れてある塩分量をどうにかならないか、という二つがあるので、とくに塩分問題は「これからのカレー」の項で取り上げることにする。

その点、ただ入れればカレーになる即席ルウではなく、昔からあるカレー粉（改良はされているだろうが）はカレーをつくるうえで、ちょっとオーバーだが、〝未開の世界〟があって、そこが料理する愉しみにもつながる。未完成のものを自分で少し工夫し、手を加えて完成させると「料理した」という満足感が倍加する。

ここで繰り返すのはくどくなるかもしれないが、もう一度、インドからイギリスに渡ったカレー粉の原料になるスパイス類が「カレー粉」になるまでの経緯を簡単にまとめておく。

イギリスのC&B社の考案がヒットのはじまりであるが、上向きになったC&B社はその後営業範囲を広げたのでカレー粉は主力商品ではなくなり、いまでは生産されてはいないらしい。しかし、植民地時代の大きな遺産ではあった。

インドにはガラムマサラという数種のスパイスで出来た複合調味料がある。昔からあるらしい。インドの家庭でそのつど石臼や薬研で挽く手間を省くためにあらかじめつくっておくもので家庭によって違いはあるが、インドでは用途の広い調味料である。

現在、日本でもガラスの小ビンに入ったものが手軽に買える。この混合粉末のにおいは香辛料というより漢方薬に近い。スーパー銭湯には薬湯を設けているところもあるが、袋に入れた原料から浸み出してくる茶色っぽい成分のにおい……あれに似ている。もともと東南アジアの香辛料には中国で漢方に使われてきたものが多い。

ハウス食品製（内容量十四グラム）の壜の表示では、「品名：混合香辛料」とあり、原料は唐辛子、クミン、クローブ、ブラックペパー、フェヌクリーク・リーフ、ブラウンカルダモン、ローリエ、カルダモン、シナモン……となっている。「その他」はないが、数種どころかずいぶんたくさんのものが混合されている。

そういうものに特有の香りを持つターメリックを混ぜたイギリス人の考案もあって当然ということでもある。

インドではガラムマサラのような複合香辛料をいろんな料理に使うのでターメリックをた

くさん使った汁ものをご飯にかけて食べる必要はなかったのかもしれない。しかし、ほかの香辛料の扱いに不慣れなイギリスでこれにターメリックを加えたら大当たりしたというのかもしれない。イギリス人はあまり米のメシは食べないが、インド渡りの香辛料であり、インド人が食べるような米に合うことに気づいて開発に輪をかけた。米というなら日本の主要食糧。日本で広まるのは当然だった気がする。

現在、日本国内で大きなシェアを占めるエスビー食品やハウス食品などでカレー粉に使われているスパイス類の主なものを効能別に整理すると、つぎのようになる。もちろん、メーカーによる独自の配合や〝隠し味〟があることは当然である。前記したレストラン「ナイル」で販売しているカレー粉原料と見比べるとよくわかる。

一口メモ　トウガラシは種類が多く、赤くてホットな辛さのものは一般にチリペッパーとかカイエンペッパーという。辛さに度合いがあり、サンタフェ（ニューメキシコ）のメキシコ料理店で、死ぬほど？　ホットな青唐辛子に遭遇したことがある。ピーマンやパプリカも分類上は同じ類型に属する。

ピーマンで言えば、ナス科の一年草で、唐辛子とルーツを同じくする。スペイン語のピメント（トウガラシ）が「ピーマン」に転じたらしい。パプリカは赤や黄色のピーマンを改良したもので、ハンガリーの肉料理にはパプリカを乾燥して粉末にしたパプリカパウダーが必需調味料。

辛　味…赤唐辛子（カイエンペパー）、白・黒胡椒、ニンニク等。
味と香り…クミンシード、クミンパウダー、クローブ、カルダモン、シナモン、ナツメグ、
オールスパイス、フェンネル、フェヌクリーク、キャラウェイ等。
色………ターメリック、サフラン、パプリカ等。

ここで、いくつかのスパイスについて、ウンチクめいたことを書いておきたい。

数年前のこと、たまたま多数の香辛料を自分の舌や鼻で確かめる機会があった。広島には大きな市営植物公園（広島市佐伯区）があって、地味な存在ながらよく管理されている。二〇〇四年秋に香辛料の特別展があって、ちょうどスパイスの勉強をしていたときだったので二日がかりで見学に行った。三十数種の香辛料の原草木や製品もあって、ほとんどが南方の植物なので珍しかった。なかには話には聞いたことのあるレモングラスもあった。レモンというが、乾燥したイグサ（畳おもての材料）のようなもので、どこが〝レモン〟かわからないが、煮出すとほのかにレモンの香りがするらしい。消化促進や美容効果があるというが、日本ではあまり使われない。こういう植物を珍重する人類（東南アジア）の食文化もおもしろい。

筆者栽培のサンタフェ種トウガラシ

日本人も古来、山葵《わさび》、山椒《さんしょう》、紫蘇《しそ》など、数は少ないものの、

同じ感覚を持ってはいるが、東南アジアは種類や使用量のケタが違う。なぜだろうか？

見方を変えれば、香辛料に頼らなくても優れた和食を完成した日本民族のほうが優れているのではないかと言うこともできる。少ない香辛料を使って、握りずしにワサビ（防腐効果もある）とか、サンショウが佃煮や漬物づくりになくてはならない京都の特産品、梅干の品質を高めるシソの葉――最小限の香辛料を使うことによって元の材料の持ち味を生かす日本人の知恵……そんなことを考える。

植物公園ではペパー（胡椒）の原木などもはじめて実物を見た。これが大航海の目的だったのか、と感じたりした。香辛料を見ると人類の知恵と重なる。ほかの動物は、原則的に自分で調味料は使えない。

植物公園で知得したことを長々と書いても仕方ないが、カレー粉はそういう香辛料の集大成と考えてよいのではないだろうか。

現在は種類別にスパイスが買える。先般、海軍時代のカレーづくりに使われたと思われるスパイスを横浜中華街と築地市場で買ってきて、適当に調合（目分量）してつくったらいいカレーができた。それが、水野仁輔氏が言っている「六種あれば……」のスパイスだった。中華街にあることからも中国料理にも使われていることがわかる。築地のは別の取り扱い業者だったが、やはりかなりの種類があった。

ターメリックは日本では昔からウコン（鬱金・欝金）として知られ、漢方薬や染物に使われてきたショウガ科の多年草で、原産地はやはり熱帯アジアである。先日テレビで沖縄のガラス細工で、溶鉱炉にカレー粉をコップ一杯くらい投げ入れていた。「カレー粉ですか？」とインタビュアが問うと、「いい色が出るんです」とガラス工芸者は答えていた。黄色が熱でただの黄色でなく、ガラス全体に潤いが出るらしい。沖縄の人だから泡盛を飲んでいて考えついたのかもしれない。効能も知っていて、ウコンもよく飲む。

ウコンの使い道は多いようだが、なんといってもいちばんの効能は胃腸など消化器系臓器を強健にする効果がある。とくに肝臓にいいことは酒飲みの男性ならよく知っている。私も昔は二日酔いのあとは薬局などでよくウコンのドリンク剤を飲んだ。カレー粉を粉薬のようにして飲んだりしたが、これも気休めになる。昼飯をカレーにする手もある。

カレー自身が健康料理である。カレー粉ももっとほかの使い道がある。海軍ではそれを知ってか知らずか、実体験的にカレーの効能も知っている者が多かった。昭和十四年十月発行の『第一艦隊研究調理週間努力献立集』の中でもカレー粉を使った料理が多い。そのいくつかは追って紹介する。

コショウの花

ターメリックはスパイスの中でもとびぬけた個性がある。ほかのスパイスは隠し味に使えるが、ターメリックは少し使っただけでカレー味になってしまうので、それを承知で使わないといけない。

その点、クミンは脇役ながら別の個性がある。カレー粉にはパウダーにしたものが使われるが、植物の種子のホールのままのクミンシードは米粒の五分の一くらいの微粒で、これを空煎りしてカレー用のご飯に炊き込むと独特の香りがついて一風変わったものになる。煎ってからルウに直接入れてもよい。

ガラムマサラは複合スパイスなので、原料は一律ではない。基本スパイスはシナモン、クローブ、ナツメグらしいが、カルダモンやベイリーフなども入れたりするので正体不明のスパイスである。穏やかな芳香になるように調整してあるようだ。いわゆるエスニックで、そういえば数回訪ねたことのあるバリ島のホテルのバイキング朝食がこんな香りだったかなぁなどと懐かしさを感じる。

ガラムマサラの二社製品の香りを嗅ぎ比べてみたが、ハウス食品製がやや香りが表に出るのに対し、相模原市の輸入商社スパイスハウス製は控えめな芳香といった感じで、あくまでも主観である。私にはよくわからないが、料理のプロはそれを知って使い分けるのだろう。


レシピ／カレー味じゃがいもソテー　カレー粉は炒めものに使うと利用価値が高まる。じゃがいもを千切りにし、サラダ油で炒め、塩胡椒と少量のカレー粉で調味とか、豚肉のソテーにカレー粉をまぶすと香りがよくなる。

熊本名物の辛子蓮根は和辛子とウコンを使った日本代表のスパイス料理と言える。蓮根に辛子味噌を充塡し、小麦粉にウコンを混ぜた衣を着せて揚げる。藩主細川忠興時代に、紋所に似た蓮根の穴数の縁起もあって広まったと伝えられる。球磨焼酎によく合う。

カレー粉の国内販売元として大手や老舗を引き合いに出したが、外食産業の業務用カレーには小規模のメーカーにいいものがある。前に京大カレー研究部のことを書いたが、あれは食べる側の話だった。

京都にはつくる側にもカレー粉づくりに研究成果のある会社がある。

それで知られているメーカーの代表が甘利香辛食品株式会社。その名前から、創業者は甲州出身だろう（武田信玄の家臣二十四将の一人に甘利虎泰という武将がいたから）。創業が昭和七年で、陸軍にもカレー粉を納めていたというから実績のある会社に違いない。

創業者は、自分の目指すものを、という執念や理念があるようで、「とんでもないカレー粉」の代名詞で知られる。伏見区に本社があるようなので一度近くのチェーン店に行ってみたいと思いながら十年以上たってしまった。まだここの商品を使っているカレーを食べたことがないので、ここではこれ以上書けなくて残念である。

カレー粉を構成しているスパイスについて少し詳しく書いたのは、カレールウの素やカレー粉がなくてもカレーライスはつくれると言いたかったからである。

前述したスパイスのほかにも、広い意味での香辛料として使われる素材がまだたくさんある。ニンニクや玉ねぎもカレーに使うときはスパイスとしての価値のほうが高い。横浜ニューグランドホテル初代総料理長サリー・ワイルの、玉ねぎを飴色になるまで炒める手法も、玉ねぎを単に野菜としてではなくスパイスに変身させたのだと思う。見習った調理人たちが玉ねぎの使い方に驚いたという話が伝わっている。

ちなみにいくつかの名前だけ挙げるにとどめるが、スパイスとはいかに多様なものであるかが理解の助けになればさいわいである。

これまで登場していなかったスパイス類に、オールスパイス、オレガノ、ローレル、ローズマリー、サフラン、ガーリック、セージ、タイムなどもある。元の素材に酸味料を加えて加工したオニオンミンスやガーリックミンスというのもあって、知る人ぞ知るという隠し味のタネらしい。

こういう種類の中で、多くのプロが、カレーをつくるうえでとくに大事な役目を果たすのが、やはりターメリック、クミン、コリアンダー、チリペッパー、オールスパイスだという。

オールスパイスは、この果実や葉がシナモン、クローブ、ナツメッグを合わせたような複合的な味と香りを持っているのでこういう名前がついたと言われる。

クローブは花蕾といって、開花する前の部位を摘み取って乾燥したもので、粉砕前は釘のような形をしていることから丁子ともいう。芳香があり、一本を口にふくんで寝ると朝起きるまで口中がさわやかに感じる。

コリアンダーはセリ（芹）のような植物の葉を乾燥して粉砕したもので、中国料理でもよく使われる。横浜中華街で売っていた意味もわかった。ずいぶん穏やかな香りで、あってもなくてもいいように思えるが、人間社会と同じで、いてもいなくてもいいような目立たない人間が意外なところで立派な働きをするという譬《たと》えはよくないかも知れないが、そんなスパイスのようである。

一口メモ 前掲の香辛料を一括して「スパイス」とも書いてきたが、分類学的には「スパイス」と「ハーブ」に分けるのが正しいようである。
スパイスの語源はラテン語のspeciesに由来するのだそうで、後期ラテン語では「薬品」の意味でもあった。その分類の仕方でいけば、セリ科やシソ科を中心とするハッカ、オレガノ、クミン、ローズマリー、セージ、ディル、セロリなどは「ハーブ」（薬草）になる。（石毛直道氏『食事の文化論』中公新書、一九七五年より）

⚓野菜は、じゃがいも、にんじん、玉ねぎが三種の神器

カレーをつくるうえで、なくてはならない野菜が、じゃがいも、にんじん、玉ねぎの三つで、これを〝カレーの三種の神器〟（「さんしゅのじんぎ」または「さんしゅのしんき」とも）と言ったりする。

言うまでもなく本来の三種の神器は、天孫降臨のころの、天照大神がニニギノミコトに遣わした鏡（八咫鏡＝やたのかがみ）、玉（八尺瓊勾玉＝やさかにのまがたま）、剣（草薙剣＝くさなぎのつるぎ）のことであるが、それをもじって、テレビ、洗濯機、冷蔵庫を戦後の三種の神器と言ったりした。現代風の自分なりの三種の神器を考えたりする遊びもできる。なく

てはならないという意味ではパソコン、スマートフォン、デジカメとか……何種かの組み合わせは人によって違うだろう。

じゃがいも、にんじん、玉ねぎは、そういう意味でカレーづくりの大切な三つの野菜ということであるが、いつごろからのことかよくわからない。

少なくとも、カレーの三種の神器は後年の日本でその地位を占めたものであって、明治から大正時代までは定着したものではなかった。とくに明治中期まではジャガイモも入れず、玉ねぎも使わず、ネギといえば日本在来の長ネギを使うのが普通だったという。なぜ長ネギだったのかは次項にゆずり、ほかの具材についての来歴を記す。日本でのカレーの歴史もわかり、いっそう興味が増すだろう。

まず、日本でいちばん古いとされるカレーのレシピを取り上げてみる。

出典は日本食文化研究家として生前大きな功績を遺した小菅桂子氏の『カレーライスの誕生』（前出）から引用する。小菅氏の著作はこれまでたびたび本書で引用している信頼性の高い調査資料であり、同じことを森枝卓士氏も『カレーライスと日本人』（前出）で書いているので重なるだけに確かな資料と思われる。

最古のカレーレシピは明治五年発刊の『西洋料理指南』にあるそうで、イギリス渡りのインドカレーにはないトロミがついているところが日本でのアイデアだという。

なお、引用した原文では句読点がなく、現代では読みにくいので適宜句読点を付し、一部の難読な漢字にはひらがなで読みを加えた。それでも意味が通りにくい個所もある。「西洋一字間己」は意味不明。「一時間くらい」と読替えても意味は通るようである。

「カレー」の製法は、葱一茎、生姜半個、蒜（ニンニク）、少許（すこしばかり）、を細末にし、牛酪（バター）大一匙を以て煎り、水一合五勺を加え、鶏、エビ、鯛、蠣、赤蛙等のものを入れて能く煮、後にカレーの粉小一匙を入（いれ）煮る―西洋一字間己（?）に熱したるとき、塩に《ママ》（を?）加え、又小麦粉大匙二つを水に解き入（る）るべし

（筆者注：蠣＝かき、牡蠣、赤蛙＝アカガエル、能〈よ〉く、入る＝入〈る〉る）

小菅、森枝両氏とも、もう一つ、同じ明治五年に、前書に少し遅れて発行されたという『西洋料理通』からの引用がある。

こちらにもすっきりしたレシピが書かれていて、料理名は「カリードヴィル・オル・ファウル」となっている。二つの資料は、加賀文庫および都立日比谷図書館の収蔵本からの引用のようで、その書籍の表紙も出所は異なるが、同じ書籍とみられる。ご両名が苦労してそれぞれの著書で紹介してあることを私が引用しては横着のようで恐縮の念がある。謝意を籠《こ》めてこのように紹介した（ネットでも同類の記事をいくつか見ることができる）。

『西洋料理指南』のほうは、戯画付きの例の牛鍋紹介記事でよく知られる仮名垣魯文によるものだ。

【カリードヴィル・オル・ファウル】

冷残の小牛の肉或いは鳥の冷残肉いずれも両種の中（うち）有合物にてよろし　葱四本刻み　林檎四個皮を剥ぎ去り　刻みて食匙にカリーの粉一杯　シトルトスプウン匙に小麦の

粉一杯　水或いは第三等の白汁いずれにても其の中へ投下煮る事四時間半　その後に柚子の露を投混て炊きたる米を皿の四辺にぐるりと円く輪になる様にもるべし

現代人にはなんとも読みにくい料理説明で、うんざりするような書き方であるが、これで明治初期の日本人にはスラスラと理解できたのかしらんと気になる。逆に、面白さもあるのでよみがなをつけず、あえて原文のまま転載した。

「冷残の肉」とは冷えた残りものの肉、「両種の中有合物」は両方の肉ならありあわせのものでけっこうという意味だろう。第三等の白汁とは米のとぎ汁の仕上げ直前の水だろうか。シトルトスプウンとは大さじのことと思っていい。

有合物…？
冷残肉…？
？
読み方に苦労する
昔の読み書き

このころの新聞には、カレーを「鶏ケレ」とか「肉ケレ」と表記したものもあり、メニュー名も一定していなかったことがわかる。

カリードヴィル・オル・ファウル（筆者注：カリード・ヴィルとするのが適当と思われる）も英語とフランス語が混ざったものかと推察し、愛蔵している山本直文氏の『フランス料理用辞典』（白水社刊）をくまなく調べたりしたが、わからなかった。どうやら古い英語によるメニューらしい。森枝卓士氏は大英博物館でそれを見つけたと『カレーライスと日本人』（前出）にある。

カレーの三種の神器の話にもどる。

明治五年のレシピには、肉やネギは出てくるが、じゃがいも、にんじんはまったく材料に入れてない。葱というのは長ネギだったことは既述したとおりで、三種の神器どころではなかった。

じゃがいも（馬鈴薯）が日本で栽培されるようになったのは、もちろん文明開化がきっかけである。慶長六年にオランダ船がジャカルタ（ジャカトラ港とも）から持ち込んだともいうが、日本ではせいぜい庭先の観賞用植物にすぎなかった。花が可愛らしいのが取り得という程度だった。

オランダといえば、その後、深い縁となる長崎と結びつけたくなる。長崎で蘭学を修めた蘭学医（黒澤映画の『赤ひげ』の若い医者＝加山雄三など）が江戸で食用を広めたという話もありそうだが確認できない。オランダでは一八〇〇年代にはじゃがいもが常食のようになっていた。一八五三年生まれのゴッホがよく知られる「じゃがいもを食べる人々」の絵を描いたのが一八五八年で、絵の題材にしたところにじゃがいもの歴史として考えるものもある。ようするに、裕福な食べ物ではないが、大事な食べ物ではある。聖書には出てこない作物として西洋では食べられなかった理由もあるらしい。

日本で農作物として栽培されるようになるのは明治四年で、北海道開拓次官の黒田清隆（のち長官）がアメリカから日本の風土に合いそうな品種のじゃがいも、玉ねぎ、アスパラガスを栽培させたのが始まりとされる。

くらいだった。

じゃがいもはもともとインカからイギリス、アイルランドほか全ヨーロッパへ渡り、その後アイルランドでは一八四五年に蔓延したじゃがいもの胴枯病による大不況がアメリカ移民に繋がる歴史があるが、そのころはすでに常食の食材だったから日本に伝わったのはおそいくらいだった。

しかし、日本では、そのじゃがいもを日常食べるようになるまで三十年以上かかった。日本勧業銀行総裁添田寿一が、「馬鈴薯を食うなどは人間として最低。そこまで下落したくはない。亡国につながる」と、何を思って公言したのかわからないが、明治四十四年になってもそんなことを言う（同年十月三日の九州日日新聞＝熊本日日新聞の前身）者もいたくらいだから、まして明治中期ではジャガイモの食用には賛否両論があったのだろう。

しかし、海軍では三十六年当時から積極的にじゃがいもを料理に使っていた。明治三十七年十月八日の時事新報で紹介された「ある軍艦の食事」に「煮込み」として、牛肉、馬鈴薯、玉ねぎを使った献立（肉じゃがのルーツ？）があることからもわかる。陸軍のことは確認できないが、国策に添って軍部が一般国民に先駆けて、じゃがいも、玉ねぎを食材にしていたことが想像できる。

にんじんもカレーに使われるようになるのはかなりあとのことである。前掲の二つのカレーのレシピは明治五年なので、にんじんは出てこないが、日本に伝来したのはもっと早く、十六世には中国経由で渡来していた。

日本に伝来した野菜にはアフガニスタン方面から昔のシルクロード、中国を経由したもの

一口メモ　寛永年間に書かれた『清良記』という伊予の土井清良という武士が書いた戦記物らしいが、農事のことも多く書かれているそうで、『たべもの語辞典』（東京堂出版刊、一九八〇年）でも紹介されている。人参という字を当てるのは、当時は、人間の体形のように頭部の下が腕や足のように根が分れたのを最上品としたことに由来するそうだ。両足の付け根に突起でもあれば極上品としてチンチョウされただろうな、と余計なことを考える。

が多いようで、胡瓜《きゆうり》とか胡椒《こしょう》とか「胡」を当てた漢字がいくつかある。胡椒も、それ以前に日本にあった山椒《さんしょう》にする渡りモノという意味のようだ。

その伝来ルートに似ているからか、にんじんは、江戸時代は胡羅蔔《こらふく》ともよんでいた。羅蔔《らふく》とは大根をさす。したがって、日本在来の胡羅蔔は東洋系にんじんで、明治期になって太くて短い西洋系が栽培されるようになる。東洋系は長細く、においが強く、栽培もむずかしいせいか料理の用途も狭かった。芹《せり》に似た葉を汁に入れて食べるくらいだったが、文明開化で西洋料理が盛んになるにつれ使いみちが広まった。キャセロールやにんじんスープなどはもちろん明治以降の料理である。

にんじんをカレーに入れるようになるのは日露戦争のころのようで、明治三十九年の『家庭之友』の「タングカレー」の材料に、牛の舌、馬鈴薯、玉ねぎとともに「人参」がはじめて（?）入っている。玉ねぎは明治二十七年の「ライスカレー」の材料で、「玉葱又は和葱」

として登場しているのでじゃがいも、にんじんよりも早かったことになる。三種の神器が最初から三つ揃いではなかったということである。

ついでながら、生産量と流通範囲が限られるからか、カレーにはまず入れることはない京人参といって、小さめで赤い色が鮮やかな京野菜がある。京都・錦市場には季節になると（秋から冬）かならず目につく。真紅なので金時人参とも言うが、伝来は中国経由で東洋系人参の一つらしい。京都のおせち料理に欠かせない希少な人参である。

⚓玉ねぎではなく、長ネギが使われたわけ

明治半ばまではカレーに長ネギが使われていたことを前記した。長ネギのどの部分を使っていたのか説明がないが、いくつかの資料でカレーライスの作り方をみると「長葱」と書かれたものが多く、ただ「葱」としてあっても当時の農作物生産を考えると長葱のことになる。ようするに、明治初期はネギといえば長葱（いまでもそうだが）のことだった。

玉ねぎがはじめて国内で栽培されたのは、前記のとおり明治四年（一八七一年）であるが、本格栽培はその後の明治十一年で、札幌農学校が栽培に取り組んだ。

ウィリアム・クラーク博士が来日し、開校された同校教頭として就任したのが九年だから、在任わずか一年足らずでもクラーク先生の足跡は大きい。クラークとライスカレーの話も信じたくなる。寮生の健康管理のために当時のみすぼらしい一汁一菜の食事をやめさせて洋食

を取り入れたというが、米だけはカレーに合うから、そのときだけ米を食べてもよろしいという給食管理だった。カレーライスを一日おきに食べさせたという。好評だったからか、無理に食べさせたのか（外国人教師は基本的に在来の日本食を嫌った）、わからない。小菅桂子氏の本では、寮生にも評判がよかったのではないか、という所見になっている。もっとも、この時代には北海道で米は自由に食べられない。内地から運ぶほかないから米はまだ贅沢だった。

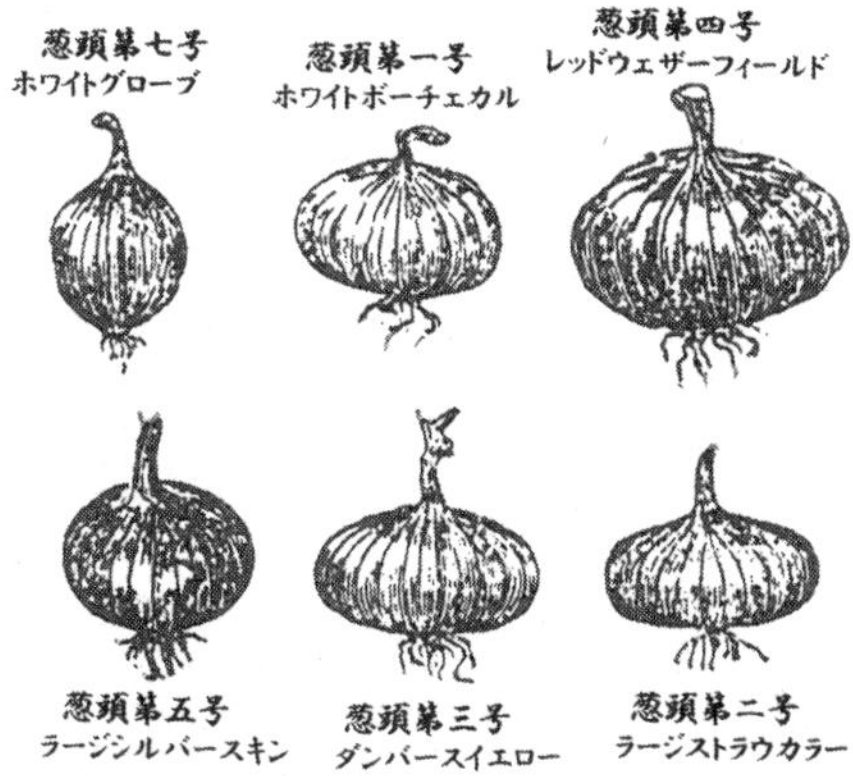

明治十七年発行『舶来果樹要覧』の葱頭（玉ねぎ）の図写し

原文の説明文字は不鮮明で、品種名も不確実であるが、なんとか読み解いた。明治中期の、日本ではまだ珍しかった玉ねぎを紹介する図として転写した

　玉ねぎの特有のにおいと刺激性は確かにそれまでの日本野菜にはない。ワサビやニンニクとは違う。明治二十八年に、若い主婦が玉ねぎの臭い消しにオーデコロンをふりかけて家族に食べさせようとしたエピソード（時事新報、三月六日）のあるくらいだから、食べ慣れないものには抵抗があるのは当然だったのだろう。

　しかし、食べ慣れると玉ねぎも生でも美味しくなる。元海軍中佐瀬間喬氏がある著書で「潜水艦に乗っていたときは機関長と同室だったが、機関長がときどき机の引き出しから玉葱を取り出して肥後守（折り畳み式のナイフ）で輪切りにして食っているのを見てとても羨ましかった」と書いている。

私が海上自衛隊の遠洋航海で南米へ行ったのは昭和四十年だったが、パナマの港の付近で遊んでいる七、八歳の子供たちがおやつ代わりか、生の玉ねぎをおいしそうにかじっているのを数ヵ所で見た。要するに、食習慣の違いだけである。

玉ねぎは種類が多い。大きく分けると、黄玉、赤玉、白玉、小玉、シャーロットになるのだろうが、それぞれに類似種がある。全部合わせると五十種くらいあるようだ。近年は、切ったり刻んだりしても涙が出ない品種も多い。即席カレールウに使うのでも、その特性を生かすと美味しいものができるそうだが、そう簡単に使い分けは出来そうにない。

いまではカレーに玉ねぎは必需で、横浜ニューグランドホテルのサリー・ワイル初代料理長式に、さきに玉ねぎだけを飴色になるまで炒めるのが、即席カレールウを使うのでもぜったい美味しくなる。

⚓赤ガエルを入れる明治時代のカレーレシピ

前出の『西洋料理指南』にあるように、明治初期のカレーのレシピには赤ガエルも使うようになっている。必需食材ではなく、「鶏海老鯛蠣赤蛙等のものを入れて能く煮……」とあるので、カエルは入れても入れなくてもいい材料ではあるが、当時はどうだったのだろうか。

カエル（蛙）には種類が多く、国によって食べるカエルも違うらしい。フランスではカエルをグルヌーユ（grenouille）といって昔から多種類の料理に使われる。フランスでよく食べられるのは日本でいえばトノサマガエル系のヨーロッパトノサマガエルが主流（？）らしいが、近年は天然モノが減少のためインドクラクイという種別も養殖されているらしい。明治のレシピ（『西洋料理指南』）には〝赤蛙〟とあるが、辞典で調べるとウシガエルの一種のようである。日本でも明治中期にアメリカザリガニと食用ガエルの養殖、食用が推奨され輸入されたが、ザリガニは自然繁殖し、稲の幼茎をハサミで切る習性からその後、有害な外来生物となった。

食用ガエルは戦争中も奨励された。食べられるカエルを〝食用ガエル〟というだけで、食べようと思えばどれでも食べられるようだが、アマガエルやツチガエルは見ただけでも食欲がわかない。

我が家の田んぼの脇に古い貯水池があって、昨年夏にさらえてみた。底が見えだしたころ大きなカエルが一匹這い上がって来た。いわゆる食用ガエルでガマガエルくらいの大きさがあった。夜、ウォーウォーと鳴いているのはこいつだったのか、とウシガエルとも言う由来に納得した。獲って食おうとは思わないのでそのままにしておいた。いまも健在で池の主になっていて、二、三家族になっているようだ。

ほんとにカレーにカエルを入れていたのか？　カエルカレーと書いた本もある。聞いたたけでもギョッとするが、それは食習慣の違いで、フランスではいまでもカエルやカタツムリ（エスカルゴ）はありふれた食材であり、中国にいたっては、日本ではゲテモノと思われているものもフツウの食材になる。

上海の南京東路などは毎日が食文化の祭典をやっているようにサソリの串焼きからコウモリの空揚げ……砂漠を這うものから空を飛ぶもの、地上を棲家とするもの、四本足でも二本足でも……二本足ならお父さん、お母さん以外はなんでも食べる、足がないヘビも食べられてきた。食文化というより食習慣というほうが適切だろう。

桂林で、「ネズミもオイシイですよ」とガイドの女性に薦《すす》められたことがある。

一口メモ／フランスのカエル料理例　山本直文氏編纂の『フランス料理用語辞典』では、つぎのようなカエル料理がある。フランス語の料理の原名がどれもえらく長いので、「こんな食べ方をするんだ」という趣旨で日本語解説部分を抜粋する。こういう使い方ならカレーにも応用できそうではある。

・Cuisses de grenouille á la meunièle カエルのモモをムニエルし、レモン汁を加えた焦がしバターをかけ、刻んだパセリを振って食べる。
・Cuisses de grenouille aux fines herbes 白いフォン（スープ）で茹でたカエルのモモにブール・マニエ（ソースの一種）と卵黄をかけ、刻みパセリを振って食べる。

「竹林ニイルネズミダカラキレイデス」とも言うが、キレイなネズミでも食べてみたいとは思わなかった。それでも犬の炒め煮は食べてみたが、牛や豚にくらべるとなんともさっぱりしすぎて、固かった。蛇のスープはウナギのぶつ切りが汁に入っていると思えばいいようだ。中国料理だからコクがあってうまい。何からだしを取るのかあまり考えない方がいい。ついさっき、料理人が籠から生きている蛇を出して見せ、首を持ったまま調理場へ入ったので、ウナギではないことは間違いなさそうだった。

カエルの空揚げは以前、佐世保の繁華街で食べたことがある。小料理店の定番料理の一品なのでゲテモノではない。足の形のままなのでちょっと違和感があるが、鶏のササミのようで柔らかい。格別うまいとは思えなかったが、動物性たんぱくの食材だと思えば抵抗はなかった。昔、栄養学を専攻したので食品学の部類として冷静に考えられる。

以前、広島森林公園で昆虫類の試食会があり、ザザムシ（カワゲラの幼虫）やコオロギなどの油炒めや佃煮を食べてみたことがある。私の年代（昭和十四年生まれ）は戦時中イナゴやカイコのサナギなども食べさせられたので、いまでも違和感はない。

蜂の子は違和感どころか、信州あたりでは命がけで獲って食べるくらいだからうまくないはずはない。フライパンで煎《い》って食べるのはじつにうまい。食習慣の違いというのは不思議ではある。

ようするに、食べつければ（慣れれば）ゲテモノというのはないのかもしれない。カエルの姿煮があるのかどうか知らないが、あったとしてもアジ（鯵）の煮付けと料理法は同じ。

ドジョウ鍋も残酷そのものであるが、浅草駒形の「どぜう」の二階で食べているお客の顔はだれも愉《たの》しそうにみえる。

……と、頭の中では考えるが、正直言ってカエルカレーを食べてみようという気にはならない。カレーにカエルの肉を使うのはイギリスから来たものではなく中国ではないかという考察もある。中国ではなく中国人とも言う。イギリスではよく中国人をコックに雇っていたからとか、日本にカレーが伝わったときにFrogに似た発音の鳥（カリド・オウ・ファウル）かなにかと間違えたのだろうという話もある。

余談になってしまったが、カエルカレーは明治半ばまでのレシピにはあるが、その後、姿を消したようだ。さいわいにして、海軍でもカエル料理の資料は見当たらない。

⚓カレーの動物性たんぱく質具材のこと

カレーには牛肉か豚肉、鶏肉を入れることが多い。シーフードカレーでは当然、魚介類——海老や貝類など、種類は限られるが、それでもけっこう多様である。動物性たんぱくをまったく使わないベジタブルカレーは、日本の家庭ではあまりつくられないようだ。

〈注：完全なベジタブルカレーは明治時代でもある。明治二十九年の『女鑑』に「野菜カレー」として、ホウレン草、キャベージ〈キャベツ〉、セリ、胡瓜、グリーンピースを使ったレシピがある。牛酪〈バター〉だけは使ってある〉

やっぱり、カレーといえば、ビーフカレーかポークカレーが主流で、カレー専門店などには、さらにその上にポークカツやエビフライをトッピングできるオプションもある。大阪にはカレーの上に割った生卵を載せて食べる習慣もある。牛肉などのような動物性のダシとは言えないが、織田作之助の『夫婦善哉』から来たようだ。

日本で「カレーライス」といえば、一般に獣肉が使われることが多い。

海軍では獣肉は枝肉で納入されていた。現在のようなブロックやスライスしたものではない。ステーキ用、すき焼き用、細切れなど、用途に応じた注文は無理。艦艇に積み込むときは冷蔵・冷凍された牛や豚の枝肉をそのまま搭載した。海上自衛隊でも佐世保では昭和三十年ごろまでは肉の納品といえば形態は枝肉だった。海軍と昔からの縁の深い佐世保の取引業者はそれが普通だったようだ。

昭和期海軍の主計兵だった数名の人から聞いたのはまとまった話ではなく、それこそ牛肉の小間切れのようなものだが、つなぎ合わせると、つぎのようになりそうだ。

「牛のモモ肉を二つくらいに切ったものを担いでラッタルを登ったり、狭い艦内での出し入れは新兵の仕事で、けっこう重労働だった」

戦艦での糧食搭載風景

「米の麻袋を肩に乗っけて沖仲仕さながら四十キロ（？）もあるような肉の塊を担ぐのは米袋よりも扱いにくい。一本や二本じゃない。巡洋艦だったから、出港前は三、四人で五十本くらい担いだこともある」

「使うときは冷蔵庫から枝肉をそのまま出してきて、烹炊所で捌《さば》くのだけど、やたらに切り離せばいいというものではなく、赤肉部分とかスジとか、皮に近い部分とかに切り分けるのだから肉屋そのもので大作業だった」

「牛肉は部位によって細かい使い分けがあるが、カレーのときはおおざっぱでよかった。スジ肉だけは別に煮込んで使ったが乗員の評判がよかった」

「内臓まで処理した覚えはない。モツは初めから抜いてあったのだと思う」

私は、昔先輩や友人と交わしたちょっとした（どうでもいいような）会話でも覚えていることがあって、思わぬところで役に立つことがある。思い違いや思い込みもあるかもしれないが、ここで記した海軍主計兵だった人の話は海軍時代の糧食搭載の体験談だけに関心があったからか、機関科士官だった私の伯父（軍艦那智乗組）の石炭搭載の体験とともによく覚えている。

牛肉搭載の話も、やや曖昧なところがあるが、大筋では間違っていないと思う。海軍時代の烹炊（調理）担当者は勤務体制はもとより、労働面でも現在の海上自衛隊とは違った。

国民とカレーの歴史に少しさかのぼる。

日本のカレーで動物性具材として牛肉を使うようになったのは、やはりイギリスの影響かもしれない。イギリス唯一の自慢料理ローストビーフは一週間分を一度に焼いておき、作り置きが最終段階になると味も落ちるので、カレーに使われたという研究者の所見を紹介したが、日本では、それを受けるような形で「カレーには、まず牛肉」となったという見方もできる。

理屈なしに、牛肉はカレーに合う。豚肉、鶏もそれなりの持ち味はあるが、やはりビーフカレーにいちばん人気があるのはカレー専門店のメニューの種類からもわかる。

豚肉も明治時代に食肉用の養豚が盛んになるにつれ料理範囲も広まり、トンカツをはじめ、カレーにも使われるようになったが、それはかなりあとで、一般の日本人は明治期になってもあまり豚肉は食べなかった。最後の将軍徳川慶喜に「豚一殿」とかあだ名があったのは豚肉が好きだったことに由来する。どういう料理で食べたのかわからないが、簡単には入手できなかったらしく、しばしば横浜から取り寄せていたという。横浜開港は安政五年だが、慶喜が将軍となるのは慶應二年十二月だから、その前後か維新後のことだろう。「豚一」とは豚と一橋家をかけた揶揄をふくんだあだ名なので、そういう呼ばれ方をするようになる時期からも推定できる。

鶏（チキン）はインド式カリーの影響だけでなく、西洋料理の材料として明治半ばにはごく一般的食材だった。鶏は日本でも古くから食用としていたのでチキンが日本のカレーの主流になってもおかしくないが、やはり〝英国式〟をマナーの模範とする時期だったからか、とくに海軍では牛肉第一の「牛一」だった。ただし、チキンライスは日本でもはやり、ケチャップもすぐに日本人の口に合った。海軍でも明治の教科書にチキンライスの作り方があり、取り入れてすぐ人気メニューになった。

カエルではじまる（？）明治期のカレーの草分け時代は急速に変容した。

魚介類を具材にするカレーはけっこう早い時期に登場している。牡蠣、伊勢えび、ホタテなどを入れるのも明治三十年代から料理書に出てくる、明治三十年の『女鑑』には具体的に魚名を示した魚カレーもあって、鱸《すずき》、鯖《さば》、鰈《かれい》などを使ったものもある。「カレイカレイ」など、駄じゃれとしてもおもしろい。

日本海軍では、昭和になるとウサギ肉の消費も多くなった。昭和六年に「海軍軍需部が兵食用に兎肉十五万キロを購入」という記録（『近代日本食文化年表』）があり、そのころの海軍料理教科書には図解で兎の捌《さば》き方まで丁寧に説明してある。ウサギ肉は日本でも昔から食べられていた動物性たんぱく源であり、兎の数え方を一羽、二羽というように鳥類と同じような感覚で食用としていた。昭和期になると国策もあっていっそうウサギの食用が推進されるようになった。海軍がそれを受けて兎肉を大量に調達したのだと思われる。百五十トンは各軍需部に配分したのだろう。

海軍兵学校や海兵団でも兎狩りをよく行なってはいたが、こちらは食料を求めるというよりは保健行軍（レジャーと体力練成）が目的で、獲物はウサギ汁で食べるのが普通だったようで、カレーにして食べたという記録は見当たらない。

それは兎狩りの話で、前記の海軍での兎肉「十五万キロ」はどういう料理で食べたのだろうか。フランスにはウサギ肉の代表料理にジュ・ド・ラパン（Jus de lapin）のような手の込んだ蒸し煮料理があるようだが、とてもそんな厄介なジビエ料理で食べたとは思えない。手っ取り早いのがカレーの具材ではないだろうか。昭和六年の調達量とその後の動物性たんぱく源確保の推移から兎肉もカレーの材料として相当使われていたと想像できる。

鯨肉も国策に合わせて海軍では需要を増やしていったが、クジラはカレーにはあまり向かない。昭和十四年の研究にも見られるように、艦隊では鯨肉をおいしく食べる工夫が盛んになったが、クジラの入ったカレーは兵員たちにあまり人気がなかったようだ。

カレーに入れる動物性具材について、やや範囲を広げて余分なことまで付記したが、ようするに、カレーの具材はいろいろあるということである。

余分な話の行きがかりで、アメリカの軍隊ではカレーこそ人気メニューではないかと数年前に友人のアメリカ人を通じて米海兵隊岩国基地の海兵隊員メニュー見せてもらったことがある。一年分のメニューの一部だったが、どこにもカレーライスに相当する料理はなかった。せめてCurried（カレー味の）ナントカ、というようなものでもないかと探したのだが……。

MASTER Menu 2002

4 Jun, 1 Feb, 1 Mar, 29 Mar, 21 Jun, 19 Jul, 16 Aug, 13 Sep, 11 Oct, 8 Nov, 6 Dec

BREAKFAST

Menu Item	Ref.	quantity	Size	Cal
Grilled Fried Egg	698	16.67dz.	2eggs	154
Individual Omelets	706	16.67dz.	2eggs	168
Hard Cooked Eggs	1632	16.67dz.	2eggs	64
Scrambled Eggs	707	16.67dz.	2eggs	145
Creamed Ground Beef	166	131/2#	1/2cup	240
Baked Sausage Patties	1025	183/4#	1patty	147
Grill Ham Slices	1006	18#	2slices	226
Oven Fried Bacon	130	12#	2slices	576
Hashed Brawn Potatoes	1247	18#	1/2cup	127
Steamed Rice	36	9#	3/4cup	155
Assorted Fruit	376	Asrequired	Selfserve	77
(Minimum 4 types)				
Assorted Dry Cereal	1321	Asrequired	1each	82
Hot Cereal (Manager's Choice)	—	6#	3/4c	-
Baking Powder Biscuit	584	13/4#10can	1each	130
Grazed Doughnuts	602	100each	1each	189
Chocolate Doughnuts	598	100each	1each	184
Orange Juice	—	Asrequired	8oz.	—
Grape Juice	—	Asrequired	8oz.	—
Grapefruit Juice	—	Asrequired	8oz.	—

LUNCH

Soup (Manager's choice)	—	9cans	1cup	
Croutons	15	2#	8croutons	24
Roast Pork	264	38#	4oz.	445
Baked Trout Fillet	1092	63#	1trout	254
Steamed Rice	36	9#	3/4cup	155
Potatoes Au Gratin	492	251/2#	2/3cup	250
Cauliflower Combo	515	15#/5#	1/2cup	89
Zucchini Squash	578	20#	1/2cup	54
Chilled Applesauce	—	2#10c	1/4cup	—
Brawn Gravy	184	6#1/2qt's	1/4cup	42

DINNER

Soup (manager's choice)	—	8cans	1cup	—
Croutons	15	2#	8croutons	24
Yankee Pot Roast	924	40#	4oz.	310
Tempura Fried Fish	1044	25#	1slice	164
Baked Macaroni and cheese	692	8#	1cup	415
Mashed Potatoes	498	4#	1/2cup	103
Green Beans	560	4.63#	3/4cup	36
Lyonnaise Carrots	465	24#	1/2cup	61
Brawn Gravy	184	18#	1/4cup	42
Hot Dinner Rolls	—	61/2#	2rolls	—
		16－1/2#		

上表は米海兵隊のオリジナルメニューからの抜き書きであり、記号、略号が多いため、理解しやすいように一部を加筆した（C → Can、SL→ Slice等）。カロリーには不自然な個所があるが原記どおりとした。（サラダバー表は割愛）

一年分のメニューを探すとはずいぶん暇そうにみえるが、米軍は陸海空軍、海兵隊ともサイクルメニューと言って、二十七日分のメニューを、朝昼夕を組み替えながら繰り返すだけだから、カレーにしたところで金曜日に回ってくることはめったにない。順列組み合わせだから、まったく同じメニューになるのは一年に一度あるかないかくらいだという。しかもつくるのは軍属やフィリピンから雇用の調理担当者だからプロ意識はあまりなく、ホテルのシェフのように腕を振るって美味しい料理づくりに取り組むほどのこともない。半分出来上がっているものを温めたり、焼いたりするだけのものがほとんどで手もかからない。

「サイクルだから、来年の何月何日のランチは何かもカレンダーでわかる」と担当者は笑いながら説明してくれた。

「メニューも作戦に関係するから全部見られると具合が悪いけど……」と言いながら、二〇〇二年のメニューならサンプルとしてあげてもいい。研究の役に立つのなら」と二週間分のメニューを複写してくれた。それが前掲のマスターメニュー（ある日の朝昼食の基本メニュー）である。ベトナム戦争以来、米軍の兵食はこのシステムに切り替えてロジスティック部門が向上したそうである。兵員の不満もないらしい。もともと欧米の兵は兵食については日本のように注文は厳しくない。ただ、朝食のメニューが多いのは、昼食よりも個人の好みや菜食主義者がオプションできるようになっているからである。日本の自衛隊のように、同一献立ですむ集団は兵食もやりやすい。その代わり、海上自衛隊のように海軍時代から伝統的に料理づくりに担当者が熱心になるプロ意識は他国では見られないようだ。

⚓アメリカ人と近年のカレー志向

岩国マリーンベース（米海兵隊基地）の兵食のことを書いたついでに、昨今のアメリカ人の間のカレーの評価について少し書いておきたい。

アメリカの南部料理について、体験的なことを前記したので、それと少し重なるところもあるが、アメリカ本土でのカレーに対する反応などにふれてみよう。

兵食でカレーライスを食べるようなことはないといいながらも、アメリカ人もカレーが嫌いではない。チャンスがあれば好んで食べる。海上自衛隊の地方総監部地区や部隊のある基地、艦艇でのイベントでカレーが出される（ほとんど立食の模擬店方式）ことも多いが、人気がある。昨年、呉地方総監部の観桜会のとき、岩国から来た二等兵曹におでんとカレーを薦めてみた。最近グァムから〝イワクニ〟に赴任したようで、日本の食べものは何でも珍しいらしく、当然のことながら「初めて食べる」と言うおでんのコンニャクも不思議そうに食べていたが、とくにカレーライスは口に合ったらしい。南部出身だと言っていたからスパイスには馴れているはずだが、カレーは珍しいらしい。

しかし、いまではアメリカでも日本式のカレーライスを知っている者はけっこういる。高校生のころ、アメリカではカリー・アンド・ライスとか、ライス・ウィズ・カリーと言わないと通じないと教えられたが、いまではカレーライスでも通じるようだ。家庭でつくることはないが、知識は日本での体験などが持ち込まれたものだろう。

私の古くからの友人ジェームス・アワー氏（ヴァンダービルト大学名誉教授でサンケイ新聞の「正論」執筆メンバーとしても知られる元米国防総省日本部長）もアメリカで会ったときそんなことを言っていた。

ジェームス・アワー氏（右）と筆者（左はジュディ夫人）。テネシーのアワー氏宅の前庭で（2009年6月）

アワー博士も日本のカレーが好きなようで、冬に鹿肉が手に入ったら、まずカレーにして食べるらしい。鹿肉は日本ではあまりはやらないが、欧米人の典型的なジビエで、『ロビンフッド』の物語では鹿肉をめぐっての争いもあるくらいである。

鹿の肉は牛肉ほど味わいが深くはない。エゾジカは焼肉にしてもたくましいというか、さっぱりとして歯ごたえがある。広島付近で獲れたものも試食したことがあるが、冬でも脂肪が少ない感じだった。たまたま食べたのがそうだったのかもしれないが。

馬の肉は、言うまでもなく桜肉といって、馬刺しにしてもタタキにしても、焼いても高級な料理である。「馬も四つ足、鹿も四つ足」と義経は「鵯越の逆落とし」を前にして源氏の将兵にハッパをかけたが、肉となると馬と鹿は大違い。断然馬に軍配が上がる。

馬鹿なことを書いたが、飼育動物と野生動物の肉質は基本的に違いがあり、これをウマく料理するのが人間の知恵ということになる。

アメリカのバッファローも牛と同じ反芻目のウシ科偶蹄類でありながら食味は全然違う。バッファローはユタ州やワイオミングなど北部州へ行くと食べることができるが、どこもバーガーで、ステーキがないのは牛よりもうまくはないからだろう。カレーならいいかもしれないが、アメリカでは日本のようなカレー料理はない。

その点、猪肉は豚の系統でとくに脂肪に旨味があるのでカレーにも向いている。近年繁殖が激しいイノシシ対策としても広島北部では食肉利用が広まりつつあるようだが、繁殖に追いつかない。私も田んぼのイノシシ対策に毎年八月から十月まで多大な知力と労力を投資している。

⚓ライスカレーか、カレーライスか

いまでは、さして問題にするような話ではないが、論争めいた話にまでなったこともある。ご飯にカレールウを直接かけたのがライスカレーで、別容器（ソースポットとかグレイビーボートという）に入れたものをレードル（お玉）でとってご飯にかけて食べるのがカレーライスだと、まことしやかに言う者さえいた。

もともとカレーは日本的なもので、ソースポットにしてもカレー料理のためにつくられたものではなく、便宜的に使っただけである。たしかに、高級感が出て、西洋料理店のカレーらしくは見える。レストランと昔のデパートの大衆向き食堂の違いといったところか。

時代によって呼び名が変わったことは既述したので、書けなかったところだけ記す。カレーライスにしてもライスカレーにしても、中身にあまり違いはないので議論の俎上に乗せるようなものではない。戦艦大和風に〝カレイライス〟とよぶのも自由である。

本稿第一章「戦艦大和のカレイライス」（31ページ）で戦争中海軍にもいた小説家・池波正太郎氏の『食卓の情景』（新潮文庫）から引用した、

「〔カレーライス〕というよりは、むしろ〔ライスカレー〕とよびたい。戦前の東京の下町では、そうよびならわされていた」

というくだりをもう一度持ち出すような形になるが、明治から大正にかけて、それまでいくつかのよび方（カリーライス、カレイライスなど）を経て、おおむね「カレーライス」が定着しかけていた時期にカレー粉の普及で家庭でもつくられるようになり、なんとなく「ライスカレー」のほうが普及したというもののようである。使い分けていた証拠はない。

家庭の食卓にのぼるようになってから、と池波正太郎氏が言うのも、私の四、五歳時の記憶と一致する。昭和十七年ごろの絵本にも、口のまわりをいっぱい汚して食べる幼児の絵は間違いなく「ライス

海上自衛隊現用の制帽。将官用のヒサシ(つば)の飾りは「カレーライス」ともいう（俗称）

カレー」と書いてあるのを母親で説明するので、幼児の私も、まだ食べないうちから「ライスカレー」の料理名で覚えた。

一口メモ　旧海軍士官の制帽には金糸の飾りなどない、と書いたが、帽章には金糸も使われていた。海上自衛隊創設期は上部に羽を広げた鳩があしらってあったが、昭和三十七年の改正で制帽の帽章は海軍時代のもの（前頁写真）がそのまま流用されるようになった。

池波正太郎氏が「［カレーライス］とよぶよりは、むしろ［ライスカレー］とよびたい」と〝むしろ〟にはそういう時代背景がある。

海上自衛隊幹部の制帽は二佐になると庇《ひさし》にちょっとした飾りが付く。桜の葉と蕾をデザインした金糸刺繍で、二佐に昇任すると庇の縁側に添って金色飾りが付く。一佐まではまだ小枝（？）であるが、海将補、海将になると庇いっぱい金色になり、カレーをかけたようになるところから、俗に〝カレーライス〟という。ライスカレーとは言わない。

海軍時代には、士官は提督といえども制帽も地味なデザインで、庇にも金糸の飾りなどなかったが、海上自衛隊時代になってからアメリカ海軍様式をモデルにしたため、夏服の制服も一新した。〝カレーライス〟はだれが言い出したものか知らないが、米海軍のアドミラル（提督）を見て、「帽子のヒサシにカレーみたいなものがかかっているが、あれも倣《なら》おう」となったものだろう。だいたい海軍の制服は万国共通のところが多い。

⚓カレーについての予備知識のまとめ

これまで書いてきたことが少し煩雑になったかもしれない。カレーの予備知識と言いながら、香辛料からはじまって、カレーの〝三種の神器〟……じゃがいも、にんじん、玉ねぎの来歴、そのうえ、赤蛙がどうのとか、駒形の「どぜう」の話にまで及んだので、読者には「出来損ないのカレーじゃないか」と思われそうである。

幸い、カレーは焦がさない限り、カレー粉を入れさえすればそれなりのカレーの味になる。本書のこういう雑学的な話もスパイスのようなものと受け止めてもらいたい。

カレーに戻って、ここで明治初期に日本に伝来したカレー（カレーライス、カレイライス、ライスカレー、カリーライス）のポイントを時系列的にまとめてみると、以下のようになる。

元治元年　神奈川奉行所が吉田新田の一部に外国人の指導のもとで西洋野菜を試作させ、イチゴ、落花生、さやえんどう、キャベツ、にんじん、二十日大根、馬鈴薯、トマトなど、多種な栽培を進めた。この吉田新田は江戸時代前期（明暦年間）に材木商吉田勘兵衛が開墾した中区から南区にまたがる広い地域で、のちの横浜の中心地ともなった。現在の第三京浜の都築インター付近に新吉田という地名があるのが有縁の地と思われる。西洋野菜の国内栽培史を飾る事績で、吉田勘兵衛は高島嘉右衛門、苅部清兵衛とともに横浜開発史上の三名士として顕彰されている。

明治二年　海軍が牛肉を滋養食として採用。この時期にはまだ陸海軍省は設置されていないが、戊辰戦争に継ぐ海上戦力として、政府が幕府海軍の軍艦や造船所などを接収し逐次増勢していった。兵食も大きな問題であり、海軍部の牛肉採用は後年の西洋料理への順応の嚆矢となったともみられる。

明治五年　『西洋料理指南』で日本初のカレーのレシピ登場。鶏、海老、鯛、牡蠣、赤蛙を使って、インドカレーにはない小麦粉でトロミをつける作り方を紹介。ただし、日本では未栽培のため馬鈴薯、玉葱は登場しない。野菜は長ネギ、ショウガ、ニンニクだけだった。

この年の正月に明治天皇がひそかに宮内庁当直員の夜食の匂いに寄せられ（?）、牛鍋を食したのが肉食解禁に、という逸話があるが、肉食奨励のためみずから膳宰に命じて一月二十四日に試食したというのが正しいようだ。前出の『西洋料理指南』『西洋料理通』でのカレーレシピ紹介がこの明治五年である。

明治十年　西南戦争で兵食が問題となる。アメリカの南北戦争の影響で缶詰の国産が推進された。兵の携帯食は握り飯に沢庵、牛肉・大豆煮が定番だった。熊本市北区植木町の田原坂資料館に展示品もある。西南戦争は武器、戦術とともに兵食の近代化に契機となった。

明治十三年　岩手県の橋本伝左衛門がフランス種のポム（じゃがいも）を栽培、大きな収量を得る。しかし、この時期の国内消費量は極めて少ない。食べ方を知らなかった。生馬鈴薯の酢の物など、新聞でも食べ方を紹介している。

明治十七年　海軍が遠洋航海による兵食実験で脚気の原因を解明。白米の過食に対する兵食改善がのちのビタミンB1発見に結びつく。ただし、じゃがいもやカレーを脚気予防の兵食にしたというのは作り話で、食文化史と日本医学史の上からもつじつまが合わない。西洋食の採用が結果的にその効果に結びついたと考えたほうがよい。

明治二十七年　『婦女雑誌』一月号に「ライスカレーには玉葱または和葱を」とあり、まだ玉ねぎは一般的素材ではなかったことがわかる。和葱とは在来種の長ネギのこと。玉ねぎの食べ方がよくわらなかったようで、においも特有だった。ある主婦が刻んだ（？）玉ねぎにオーデコロンをふりかけて主人に食べさせようとした話（前記）もこの時期である。

明治二十八年　長ネギに代わって、玉ねぎが使われるようになった。急激な変化は、北海道で試験栽培がつづけられていた玉ねぎの生産が順調に成果をおさめ、消費に回るようになったからだろう。『女鑑』の「ライスカレー」では、野菜は「球葱」だけとなっており、国民の間で玉ねぎの本格的消費の筋道がついた。玉ねぎの試験栽培から普及まで十五年かかったことになる。

（注：明治二十年代から大正初期までは「ライスカレー」と言うのが一般的だった）

明治三十年　日清戦争の影響で缶詰が軍需品として発展し、大和煮、蒲焼（サンマ?）、時雨に（佃煮）が初登場する。じゃがいもの生産量が上昇し、二十万トンを超える。陸海軍の需要も影響している。カレーとの関係を記す資料はないが、軍部でのじゃがいもの用途が拡大したことは海軍の献立からも推定できる。

明治三十一年　『日本料理大全』で〝ライスカレー〟が紹介され、国民の間でよく知られるようになった。それまでの『女鑑』や『婦女雑誌』は購読層が限られていたこともあり、流布に滞りがあったのだろう。

『日本料理大全』では、「カリーの拵《こしら》えよう」として「バターを揚げ鍋に入れ、葱またはにんにくを入れ、とび色になるまで炒める……（以下略）」とあり、さらに、あとのほうで「輪切りの玉葱をメリケン粉と一緒に入れ、ソップ（スープのこと）をさし……」と、こんな調子の説明がつづく。じゃがいも、にんじんはまだ出てこない。カエルはとっくの昔に消えてしまったようである。

この『料理大全』の著者は代々幕府の料理番の家柄だった石井治兵衛で、維新後は宮内庁大膳職にいた料理専門家であるが、カレーに関しては明治三十一年になっても材料、作り方とも現在のものとはかなり違うようである。

明治三十四年　『新撰和洋料理精通』にカレーの調理法あり。「カレーは熱帯地方に産する植物の実より製したるものにして是をカレー粉と云う。其の調理法は肉類を賽の目に切りスチウ鍋に牛酪とカレー粉を溶き、是に肉と玉葱及び他の西洋野菜の刻みたるを入れ、羹汁を加えて三十分ほど煮て……（以下省略）」とあり、玉ねぎの普及がかなり定着してきたことも推察できる。

明治三十六〜三十九年年　『家庭之友』『女鑑』等にカレーレシピが数回登場している。いずれも「ライスカレー」となっていて、肉は牛か鶏で、玉ねぎはすでにカレーの材料としての地位を得ているが、じゃがいもがようやく使われるようになった。海軍ではすでに数年前からいくつかの料理（煮物など）でも使われていた。にんじんはまだカレー材料として登場しない。

明治四十年　川田竜吉男爵がアメリカから馬鈴薯品種アイリッシュ・コブラーを輸入し、日本での植付けを推奨した。とくに北海道の気候風土に適することがわかり、栽培は北海道全土に広まった。これが「男爵いも」で、ホクホクした食感は料理用途が広く、その後、全国的に栽培されるようになった。

筆者栽培の男爵系じゃがいも（2018年産）

私が毎年、自家栽培している秋じゃがが男爵系で、種イモの植付けは広島南部で三月中旬、九月が収穫時期だが、植える時期を間違えなければその後の管理もしやすく、栽培しやすい。似ている。

海軍が肉じゃがを使ったのはメークインか男爵かよく聞かれるが、教科書ではわからない。二品種は性格が違うが、海軍では使い分けはしなかったと思う。海軍肉じゃがのイベントでは、舞鶴は男爵系、呉はメークイン系を使っている。呉市の安芸津地区は明治時代からメークイン種を主流とした産地であり、呉海軍軍需部でも調達していた。

明治四十一年　舞鶴海兵団が『海軍割烹術参考書』を発行。海軍部内の料理教科書として現在確認される海軍最古の料理書である。明治二十六年に海兵団で調理教育が行なわれるようになる前までは築地の海軍主計学校で料理も教えていた。主計学校での料理教育の廃止にともない、各海兵団がこれを受け継いだ。舞鶴海兵団が編纂発行した割烹術参考書の背景には海軍教育機関の変遷の背景もある。

明治四十二年　海軍の教育組織改編で、ふたたび衣糧（給食管理）教育は主計学校が新編されて海軍経理学校となった築地で行なわれるようになった。

明治四十三年　東京・四谷伝馬町に合った食料品店田中屋が蕎麦屋向けのカレー粉を発売し、「地球印軽便カレー粉」と登録した。

東京のそば屋で蕎麦やうどんにカレー汁をかけるカレー南蛮やカレーうどんが登場するのはこれより少し早く、明治三十年代半ばで、八重洲の「やぶ久」では明治三十五年にはカレー南蛮を出していたとか、明治三十七年には早稲田の三朝庵がカレーうどんを、というような店歴のそば店もある。そば店がライスカレーを扱うようになったのも同時だったのではないかと推定できる。

明治四十四年　『カレーライスの誕生』（小菅桂子著、講談社）によれば、この年に出版された『洋食の調理』という料理書ではじめてカレー（ビーフカレーライス）に馬鈴薯、人参、玉ねぎが使われていて、これが〝三種の神器〟の初勢揃いではないかという見方がされている。今日の感覚からすればずいぶん遅い気がするが、カレー材料が定着するまでには相当な年月がかかったということになる。

明治五年からはじまる日本でのカレー料理（ほとんどがご飯にかけて食べる今日のカレーライススタイル）は、それまで外食の典型だったが、カレー粉の国内販売（明治三十六年、ハチ食品）で家庭料理へと徐々に広まった。

陸海軍では、民間に先駆けてカレー粉を使用し、兵食にもカレーを採り入れた。とくに海軍は典型的な集団給食の現場（艦艇）を持っているので、人数に応じた応用と効率のいい実践料理ができた。海軍教科書に「何人分」という員数指定や基準がないのも、人数分は応用

一口メモ／カレーと福神漬け　福神漬は本来のチャツネに代わる日本人のアイデアで、明治十九年に上野池ノ端の「酒悦」経営者の野田清左衛門が考案し、とくに陸軍の必需副食となった。全国に広まる時期とカレーの普及時期が合うことから、取り合わせの薬味になったのだろう。

日本郵船の外国航路貨客船三島丸で、手持ちが切れたチャツネの代用にしたのが最初という説もある。ラッキョウはピクルスに似ていることから使われるようになった。酢漬けのベニショウガも同じような理由で使われるようになったらしい。

で考えろということだったのかもしれない。したがって、経理学校、あるいはその前の海兵団での割烹（調理）教育ではカレーも基本的な作り方だけ教えた。民間のプロ料理人の域を出るほどのものではないが、海軍の調理担当者、とくに烹炊員長は職務として熱心に料理の工夫をし、自慢のカレーを作り出していた。

カレーは材料も手順も、味付け方も千差万別であるが、研究すればそれなりのものができる。リンゴやトマトを入れる工夫も海軍独特のものではなく、明治時代の民間の料理人がやっていたことであるが、海軍ではいい意味での模倣もあった。

このあとにつづく第四章「海軍ではこうしてカレーをつくっていた」の項では、海軍の伝統と思っていいカレーのレシピを紹介する。

第四章　海軍ではこうしてカレーをつくっていた

⚓海軍の最古料理教科書によるカレーのレシピ

日本国内でのカレーの古いレシピがかなり残っていることは、これまで本書の中で引用したとおりで、前項の末尾に時系列的にその代表的なものをいくつか列記した。明治五年の『西洋料理指南』を皮切りに、明治時代の雑誌に掲載されたものが多い。

雑誌というのは、『女鑑』とか『家庭之友』という題名からわかるように、主として女性向けのものである。当時は、良家の子女の稽古事や教養として〝お料理〟を習わせる親が多かった。子女こそ迷惑な話で、お仕着せの料理を習ったところで将来どれほどの効果があったかわからないが、印刷物としてそういう資料が残っただけでも幸いだった。

前項の年代別カレーのレシピの中に明治四十一年発行の『海軍割烹術参考書』がある。これが現存する日本海軍最古の料理教科書である。国内の料理書の中では発行時期は遅いが、海軍ではこの教育参考書が原点となって、大正、昭和期へと引き継がれ、逐次改善されて昭和十七年発行の最後の料理教科書（『海軍厨業管理教科書』昭和十七年度版）となった。

同参考書に記されたカレー（「カレイライス」となっている）のレシピは原文のまま、第二章の『「海軍カレー」いくつかの伝説』のはじめのほうに転載したとおりで、内容的にも海軍独自のカレーとは言えないような標準的レシピである。民間の料理書から引用していることは明白である。ただ、いつの、どの料理書を手本にしたのかはわからない。人参、玉ねぎ、じゃがいもの三種の神器がしっかりと使われているところをみると、当時（明治四十年代初期）、海軍には料理に通じたかなりの知恵者や有識者がいたことがわかる。民間料理書から流用するにしてもいちばん新しい、時代に即したレシピを手本にしている。発行元が舞鶴海兵団というところがなおさら不思議なくらいである。

舞鶴海兵團長　西山保吉

命令	五等主厨ハ本書ニ依リ割烹術ヲ修得スベシ
發行年月日	明治四拾一年七月一日
沿革	本團開廳以來實施シタル献立材料ヲ蒐集シ海軍大主計花井卓藏監督ノ下ニ海軍一等厨宰今井徳郎樋口滋ナシテ之ヲ増補改訂セシメ更ニ佐世保海兵團編纂ニ係ル参考書ヲ参照シ以テ本書ヲ編纂セリ

舞鶴と聞くと、山陰と北陸の中間点にある城下町や海軍鎮守府と結びつけるよりも、終戦直後の引揚港のイメージを持つ人がいまでも多い。最近は大相撲でも有名（？）になった。

人口十万に満たない小都市で、明治四十二年当時はさらに片田舎だった。

しかし、舞鶴はれっきとした京都府である。〝れっきとした〟とはいえ、明治十二年の行政区画割では京都府加佐郡舞鶴町で、地域的には山陰の一郭ではある。西と東に分かれ、西は元細川氏、京極氏の城下町（田辺城）、東は鄙《ひな》びた農漁村だった。

明治後期（明治三十四年十月）、遅まきながらここの東地区に海軍鎮守府が開設された。明治十七年の、横浜にあった東海鎮守府を移しての横須賀鎮守府の開庁、明治二十二年の呉、佐世保鎮守府の開庁にくらべると、まさしく〝遅まきながら〟の開設で、その後、大正十一年の軍縮（ワシントン条約）のあおりを食らって翌十二年には舞鶴鎮守府は舞鶴要港部に格下げされるという憂き目にも遭っている。軍縮条約の期限が切れ、ふたたび舞鶴鎮守府となったのは昭和十四年だった。

しかし、舞鶴が軍港に適した港湾であり、日本海側の防備拠点として整備の必要性はかなり早い時期から政府も認めていた。ただ、呉と佐世保の整備を急いだため、複雑な山間部を持つ舞鶴の着工はタチ食っただけだった。そうして出来たのが最初の鎮守府開設だった。

京都府とはいってもミヤコとは離れた地域に住む舞鶴市民は、鎮守府司令長官と聞いてもどの程度偉いのかはわからない。明治維新で任命された京都府知事は旧藩侯よりも数等上のランクだったが、司令長官の赴任のニュースを新聞で知り、それも知事（単なる高等官）よりもはるかに上の親任官だというから驚いた。

山陰線は明治三十年に一部開通してはいたが、まだ高官が乗れるような路線ではない。東郷は、着任のときは、東京から長浜線経由で敦賀へ出て、差し回しの軍艦で舞鶴に赴任するというルートだったが、舞鶴港で出迎えた市民はさらに驚いた。その姿を見ると、小柄でうつむきかげんで風采もあまり上がらない中老（まだ五十五歳）に見えるので驚いたのも無理はない。陸軍中将なら数名の武官を従え、軍馬に乗って胸を張り堂々と着任するのに、海軍の司令長官は船着き場からほとんどお供も連れずの地味な赴任である。

お供（参謀）が目立たないのもそのはず、舞鶴鎮守府開設の人事もすぐには決まらず、参謀の事前赴任もなかったからのようだ。

以上は、舞鶴市史及び舞鶴郷土史家戸祭武元舞鶴高専教授の資料をもとに筆者の想像を交えて書いた。

だいたい、この人（東郷平八郎）、派手なことや人目につくことは嫌いだったようで、舞鶴に来る前に佐世保鎮守府司令長官と常備艦隊司令長官を、それぞれ約一年半ずつやっているが、佐世保に着任したときなど、駅で降りると線路わきの埋立地をヨボヨボ歩くので出迎えた数名が「こりゃ困ったものだ」とヒソヒソ話をしたという（森山慶一郎中将日記）。

イギリス留学中も浮いた話一つなし。森鷗外（林太郎）は『舞姫』のモデルのような華やかな体験も多々（？）あるようだが、東郷が相手した女性といえば「下宿の七歳の女の子をよく遊ばせていた」くらいが唯一の話として残っているくらいである。

しかし、日ならずして東郷中将の評判は舞鶴市民の間で高まる。地元の役所や警察、教育機関（学校）とも気軽に付き合い、途中で退席するようなことをせず気どらない海軍提督だとわかって、地元民の海軍に対する理解も高まった。東郷平八郎提督の人物がさらに高まるのは、もちろん、マイチン（舞鶴鎮守府）離任後の連合艦隊司令長官としての優れた指揮と日本海海戦の戦勝であることはいうまでもない。

東郷平八郎司令長官が舞鶴でカレイライスを食べたという話はない。若いとき留学で七年間もイギリスにいたのだから、イギリスがカレーの本場というのなら年に数回はカレーライスと出会っていてもいいように思うが、そういう資料はない。「まこちぃ、残念でごわす」（鹿児島弁）。肉じゃがの東郷説は近年の舞鶴の町興しで出来た話ではあるが、あってもおかしくない物語である。

イギリス留学中の東郷平八郎（顔写真はロンドンで）
二十五歳から三十二歳まで留学していたので、どこかでかならずカレーも食べていると想定した筆者による「東郷イギリス式カリーを食べる図」

「琉球のウコンのごたる（ような）においのすっ（する）カリーとかいうもんば米のメシにかてて（添えて）食う黄なか（黄色い）料理はうもごわしたが（うまかったが）……」という話でも残っていれば、イギリスにルーツがあるカレーだけにもう一つの町興しになるが、話をつくるにはちょっと遅すぎる。

そうは言いながら、東郷元帥は若いころロンドンかポーツマスでイギリス式カリーを絶対に食べているはずだ、と私は断固として信じており、「あの東郷さん、どんな顔してカリーライスを食っていたのかな？」と、ときどき想像し、「英留学生東郷平八郎―カリーとの出遭い」―というポーツマスでのフィクション・ストーリーまで捏《ねっ》造《ぞう》したくなる。

明治四十一年発行の舞鶴海兵団の料理教科書のことを書くのに、少し古い話を持ち出したのは、京都の片田舎とはいえ、横須賀、呉、佐世保と並んで舞鶴にも海軍鎮守府が開設されたことから市民の意識も高まり、新旧織り交ぜた食文化も取り込める地盤があったということを言いたかったためである。

かくいう筆者も海上自衛隊では、縁あって四度も配置を替えて舞鶴で勤務をしたので、舞鶴の歴史もよく理解しているほうだと自認している。初代城主細川幽斎は関ケ原合戦の後、その息子忠興が熊本藩主になるし、私の郷里人吉出身の高木惣吉海軍少将が大正九年〜十年（中尉〜大尉）に舞鶴海兵団教官として、さらに、昭和十七年〜十八年（大佐〜少将）には舞鎮参謀長として二度も舞鶴で勤務していることもあって、数年前には熊本の人たちを舞鶴見学に案内したくらいの旧縁の町でもある。

話を戻して、『海軍割烹術参考書』が発行された明治四十一年といえば、日露戦争後の国際情勢から軍縮がはじまる時期で、それだけに海軍部内の機構や教育の充実は一層緊要になった。舞鶴でも海軍部内の気運は高まった。鎮守府隷下の海兵団も単なる兵員教育のレベルに満足せず、海軍料理も兵食の質を高める努力に懸命だった。それが『海軍割烹術参考書』ではないかと思う。大げさな言い方だが、「カレイライス」一品もそういう国防背景の中でできあがったレシピと思えば奥が深い。

多分、この参考書（教科書）を編纂するにあたっては京都や大阪の民間人のベテラン料理人が全面的に協力したのではないかと、長年この教科書と付き合ってきた者として思う。

この教科書が日の目を見るようになったのはごく近年、平成八年のことだった。

舞鶴の一市民が、「うちにこんなものがあります。よければ寄贈します」と言われて、舞鶴市余部にある海上自衛隊第四術科学校が受け取った冊子が『海軍割烹術参考書』だった。

その当時、私はすでに海上自衛隊を定年退職していたが、所用があって第四術科学校を訪問したら教育第二部給養科長山縣憲生一尉からそれを見せられた。その場でとりあえず複写してもらい、広島へ帰ってから時間をかけて読むと、たいへん貴重な資料である。

寄贈した人の名前は確認していないが、教科書の脇に「岸田蔵書」と手書き文字があり、本紙の傷んだ表紙に、「舞鶴海兵団徴水二一六山口重次郎」と小さく墨書きしてあるのがなんとか読めた。間違いなく舞鶴海兵団の主計兵が勉強していた料理教科書である。それは教科書のあちこちのページに所有者が課業（授業）中に書き込んだと思われる漢字の読みやメモが書き込んであることでよくわかる。たとえば、「鰻《うなぎ》」とか「鰤《ぶり》」とか「鰌《どじょう》」といった魚類の当て字にふりがながが入れてあったりして、明治後期の一般水兵の知識のレベルまで判断できる。書き込まれた小さな墨字がじつに丁寧でもある。

教科書にある「カレイライス」を実際に実習でつくったのかどうかまではわからないが、真面目な主計兵だったことは教科書の保存状態からもわかる。

「徴」とは徴集兵のことで「徴集による主計水兵」ということになる。「徴募」と言って、兵役には徴集と応募（志願）方法があり、海軍では基本的に志願制で、陸軍の徴集者の中か

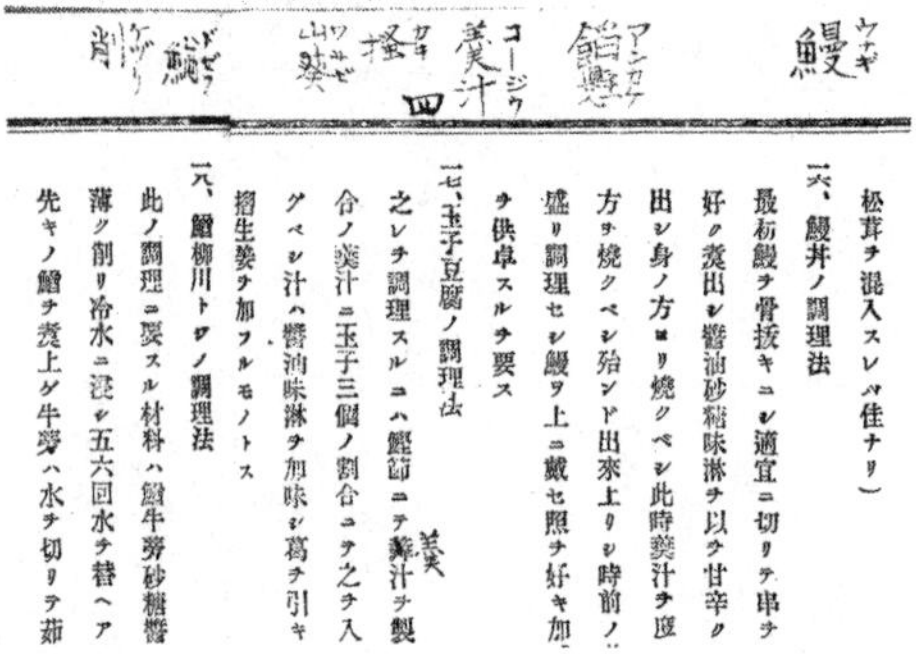
鰻《ウナギ》　餡懸《アンカケ》　羹汁《コージウ》　四　掻《カキ》　山葵《ワサビ》　鰌《ドゼウ》　削《ケヅリ》

松茸ヲ混入スレバ佳ナリ）
一六、鰻丼ノ調理法
最初鰻ヲ骨抜キニシ適宜ニ切リテ串ヲ
好ク煮出シ醤油砂糖味淋ヲ以テ甘辛ク
出シ身ノ方ヨリ焼クベシ此時羹汁ヲ度
方ヲ焼クベシ殆ンド出來上リシ時前ノ
盛リ調理セシ鰻ヲ上ニ載セ照ヲ好キ加
ヲ供卓スルヲ要ス
一七、玉子豆腐ノ調理法
之レヲ調理スルニハ鰹節ニテ羹汁ヲ製
合ノ羹汁ニ玉子三個ノ割合ニテ之ヲ入
グベシ汁ハ醤油味淋ヲ加味シ葛ヲ引キ
摺生姜ヲ加フルモノトス
一八、鰌柳川トヂノ調理法
此ノ調理ニ要スル材料ハ鰌牛蒡砂糖醤
薄ク削リ冷水ニ浸シ五六回水ヲ替ヘア
先キノ鰌ヲ煮上ゲ牛蒡ハ水ヲ切リテ茄

ら陸軍の担当官が入隊検査の時点で適性や希望者から選抜して海軍に回していた。

しかし、完全な志願者というのは海軍の定数からも少ない。山口主計兵の「徴水」も入隊検査のときの区分符号だろう。明治四十一年当時、十八歳前後として生き永らえたとすれば、大東亜戦争がはじまるころは推定で四十五歳前後。その後どうしていたのか、遺品の一つだったのか、いまとなっては手がかりがない。

こんな調子で海軍人事制度のことまで書いていてはカレーの話に繋がらないが、海軍教科書にある「カレイライス」を説明する背景になるのでややこしいことを書いている。読み飛ばしてもらっても一向に差し支えない。

本書は気楽に読んでもらうのを本旨としている。

舞鶴在住の市民から寄贈されたこの海軍最古の料理書のことに戻る。

山縣一尉とそのあと話し合っていたら、折よく某テレビ局から海軍料理についての質問があったので紹介したのが『海軍割烹術参考書』の公表となった。ちょうど呉鎮守府司令長官官舎（現在は「呉市入船山記念館」として保存管理されている重要文化財）の築百年を記念す

一口メモ 海軍の下士卒（セーラー服）を「水兵」というが、正式な用語区分では「水兵」とは兵科の下級者（セーラー服段階）であって、機関兵や飛行兵、整備兵、工作兵、看護兵などは特殊な技術分野なので正式には「水兵」ではないが、やや混同されている。主計兵は「二等主計水兵」が正しい肩書で、略して「ハイ！　山田二主水です！」というような名乗り方をした。

る行事も控《ひか》え、イベントで海軍教科書からいくつかの海軍料理を復刻し、試食会も開いた。
この海軍料理教科書には二百種以上に及ぶ和洋料理について、作り方、ポイントが要領よく書かれている。「カレイライス」はその一つに過ぎないが、書いてあることはしっかりしている。
第二章の『「海軍カレー」いくつかの伝説』の項のはじめのほうで、「この海軍最古のカレーレシピは、書かれた時期から推定すると、明治三十六年（別資料では三十八年）にカレー粉国産第一号として売り出された〝蜂カレー粉〟が使われているのではないか」と書いた。62ページの海軍教科書は漢字、カタカナ混合の原文をそのまま転載したので読みにくい。そこで、すこし解説を交えて現代風に書き直してみる。原文と照合しながら読んでもらうとよくわかると思われる。材料の分量は原文にないのでそのままとする。

カレイライス

材　料　牛肉又は鶏肉、にんじん、玉ねぎ、じゃがいも、塩、カレー粉、小麦粉、米。

作り方　米は洗っておく。牛肉（鶏肉）、玉ねぎ、にんじん、じゃがいもは四角に、あたかも賽の目のように切る。フライパンにヘット（牛脂）を敷き、小麦粉を入れてキツネ色になるくらいに煎り、カレー粉を加えてスープでトロミがつくように溶かす。そこに、先に切っておいた肉、野菜を少し加え、（じゃがいもは、にんじん、玉ねぎが煮えてから入れる）弱火で煮込み、塩で調味する。これを、スープを使って炊いた飯にかけて供する。漬物かチャツネを添える。

原文よりも少しは読みやすくなったと思われる。しかし、読んでわかるように、かなり大雑把な説明である。

「海軍カレーのレシピを教えてほしい」という相談がこれまでにもよくあった。カレーは海軍にルーツがあるのではないかという期待があっての町興しや料理店の営業につなげたいと

一口メモ／チャツネ　用語の来歴は定かでないがヒンズー語のチェトウーネが英語に転化した説がある。インドではパパイヤなど、果物を使ったジャムのような保存性のある煮物が昔からあるようだ。干しブドウの砂糖漬けなども一種のチャツネであるが、日本では日清戦争前からよく売れ出した福神漬がカレーの添え物として定着するようになった。

いう相談が多いが、「海軍のカレーレシピと言ってもこれだけです」と答えるほかなかった。「とくに変わった作り方ではないのですね」と言われるが、仕方ない。

ここですこしことわりを入れなければならない。「海軍カレーの最古のレシピ」と言ったりしてきたが、正直なことを言えば、明治四十一年の海軍教科書による「カレー」はレシピというほどのものではなく、単なるカレーの紹介と言ったほうが正しい。レシピと言うなら材料の分量まで明示し、作り方ももっとくわしくないと、これだけでは実際につくろうにもつくれない。それがわかっていたので、便宜上「レシピ」と言ってきたにすぎない。

ただし、海軍の料理書はほとんどこのような書き方が多い。私も二十数年前に海軍の料理書というものを見たとき、まずそれに気づいた。

そのあと知ったことだが、「海軍では細かなことまでは教えない。何を何グラムなどというお嬢さんに教えるような手取り足取りまでしなかった」ということを海軍の人から聞いたときだった（「お嬢さんに教える」という表現はいまでは差別用語になるかもしれないが、海軍ではわかりやすい指導法だった）。

つまり、「材料の分量は常識的基準量をもとに自分で考えろ」ということだったようである。

しかし、カレーのように材料の数量で味が決まる料理は分量まで書いたものがほしい。「自分で考えろ」と言ってしまうと元も子もなくなるように聞こえるが、それを承知で、

「海軍ではこういうふうにしてカレーをつくっていたのではないか」という追跡がこれから本書で進める内容である。

分量についての質問もよくあるので、そのへんの受け答え方はこれまでに書いた。くどくなるので何度も書かないが、ようするにカレーは海軍がルーツではないのである。でも、海軍らしく、うまいものをつくろうと熱心に研究し、フネごとに料理担当者が腕を競い合った――ここが違うところである、と説明してきた。

では、どんな作り方をしていたか、これから述べる。

その前に、陸軍のカレーづくりはどうだったか、少しふれておく。

⚓陸軍と作り方に違いがあるのか

陸軍が大東亜戦争中、カレーを「辛味入り汁かけ飯」とよんでいたという話は全面的に否定こそしないが、陸軍の造語ではなかったことを前に書いたとおりである。

ただ、残念なことに、陸軍には海軍のような古い料理書や教科書が残っていない。つくられてはいたのだろうが、戦争のドサクサで散逸したのかもわからない。カレーについても明治時代の普及とともに陸軍でも海軍と同じようにカレーを献立の中に採り入れていったとは考えることができる。

ただし、陸軍が海軍と違うところは、割烹術の教育組織が充実していなかったことにある。

そのために専門教育機関（学校）をつくるということがなく、連隊単位で調理担当者を育成していた。そこで〝炊事軍曹〟となる経験者を育て、部隊に配属した。部隊では炊事軍曹の指導で、中小隊から差し出される当番ならだれでもメシが炊けるという給食方法だった。教科書らしい料理のガイドブックはないはずである。

陸軍の師団や連隊はその地方出身者が多く、だいたい郷土料理を基本にした食事のほうが喜ばれるので、海軍のように、西洋料理の「シャトーブリアンヲランダニエールビアンネールソース付」とか「ローストプリンジャール」など舌を噛みそうな洋食よりも、三平汁（北海道）、しゃべとこ汁（岩手県）、納豆汁（山形県）、しもつかれ（栃木県）、いりどり（群馬県）、のっぺい（新潟県）、煮味噌（愛知県）、サバの船場汁（大阪）、冷や汁（宮崎県）、さつま汁（鹿児島県）のような、地元で採れる食材を使った煮物や汁物などが歓迎されるので、いまさら西洋料理もないだろうと考えたようだ。

陸軍にはそういうたくましさが必要でもある。海軍のイギリス流と陸軍のドイツ式の違いとも言える。

一口メモ　右の郷土料理は、料理研究上、長年好資料としている『郷土料理全集』（家の光協会出版、昭和四十五年、多田鉄之助監修）から抜粋した。「しもつかれ」とか「しゃべとこ汁」などについて解説したいところだが、長くなるので割愛する。

陸軍は給食用語からして海軍とは違う。海軍では「割烹」とか「烹炊」と言うが、陸軍では「炊事」と言った。「炊事軍曹」がその例である。「調理」は陸海軍とも共通語だったが、通常は使わない。

なぜ陸軍は海軍とは違う給食管理かというと、ことさら陸海軍が離反することをやっていたからではない。陸軍の食事は基本的にアウトドアである。野外料理ができなければ戦闘は出来ない。個人でもある程度煮炊きができないと置いていかれる。飯盒は日清戦争には間に合わなかったが、明治三十一年に陸軍大阪武器工廠で考案されたことは前述したが、そのおかげで飯盒を基本にした野戦料理が進歩した。

陸軍にも、もちろんカレーはあったことは、飯盒について書いたページの前に一部を紹介するとともに、陸軍唯一の教科書である『軍隊調理法』のカレーのレシピも転載した（43ページ）とおりである。

この教科書は昔（明治？）からあまり変わっていないと言われるので、たぶん海軍の舞鶴海兵団のものと材料や料理手順は少し違うものの、出来上がりは似たようなものになるようである。海軍のレシピとの違いは一人分の材料の分量が記してあるところで、作り方も丁寧に書いてある。

ただ、一人分のカレーを飯盒でつくるというのは、責任がないから気楽ではあるが、うまくいくだろうかと心配になる。陸軍の〝ヘイタイサン〟たちはうまいカレーを食う機会がなかったのでは……などと考えたりする。

⚓海軍主計科士官、主計科員のいくつかの証言

海上自衛隊は、実態的にその前身である海上保安庁の付属機関として昭和二十七年四月に発足した海上警備隊を前身とするが、草創期に入隊した幹部・海曹隊員の中には海軍出身者がたくさんいた。そういう先人のおかげでその後の海上自衛隊（昭和二十九年七月防衛庁設置）は逐次整備されていくことになるが、当然、海軍時代に主計職域にいた人たちもいた。隊員の比率としては少ないが、幾人かの人たちから海軍生活の貴重な証言を得た。聞いて回ったわけではなく、折りにふれて聞いた話がほとんどである。

やはり、実体験者の話はなによりも真実味がある。誇大な話や思い違いもあるかもしれないが、それを勘案しながら研究する側で自分なりに作り上げていく――そういう認識で私は海上自衛隊勤務時代に海軍の人たちから聞く話を受け止めてきた。

カレーの話に、貴重な証言とは大げさかもしれないが、海軍の食文化は日本人の食文化にも通じる部分も多く、「海軍カレー伝説」を伝えるためにはいくつかの証言を記しておきたい。

主計科士官といってもごく限られた人でないと主計業務、とくに糧食管理（食材調達、料理、食事支給、食費管理などを総合した業務）について尋ねてもわからなかったことも前に書いたが、さいわい私は昭和三十年代後半に術科学校で栄養学の教官などをやっていた関係か

ら仕事として聞き取る機会もあった。

その中でいちばん海軍の糧食管理について詳しい人は元主計中佐の瀬間喬氏（海軍経理学校二十期、昭和六年十一月卒）と元主計少佐の角本国蔵氏（海軍経理学校二十二期、昭和八年十一月卒）だった。両氏とは昭和三十年代後期に知遇を得て、私が、海軍と縁の深い佐伯栄養学校出身者と知って一、二度会い、その後は昭和の末期まで数回電話で話すくらいだったが、海軍のロジスティックの一部をよく理解できた。

つぎに書くことは主として瀬間氏と角本氏の体験談である。お二人から聞いた話がいまでは区別できないので、二人の体験は混じり合っている。

⚓カレー粉はどこから手に入れた？

「海軍ではカレーは人気メニューだったからフネでもつくっていた」

瀬間氏から聞いたことの断片であるが、記憶を辿《たど》って記してみる。もう少しキチンと記録しておけばよかったが、なにしろ四十年以上前のことであり、かなり私の創作によるところがあるが、さいわい瀬間氏の海軍経歴は同氏の著書（『わが青春の海軍生活』海文堂、昭和五十六年）に詳細があるので、聞いた話と照合しながら作文した。

「カレー粉は、ある時期には〝あった〟ようだ。昭和九年は少尉の終わりごろで、第二十九駆逐隊の「疾風」（駆逐艦）乗り組みだったが、駆逐艦でもカレーをつくっていたと覚えている。自分はカレーが好きだったから……」

「昭和十二年に間宮丸というトロール船を改造し改装した掃海部隊の司令部にいて、上海方面での軍需品補給で、自分としては大活躍した。カレー粉のことなどいちいち覚えているわけではないが、あのころは上海へ行けば香辛料は楽に手に入った。支那方面艦隊司令長官から間宮丸に感状をもらい、嬉しかった」

（注：この間宮丸は〝間宮羊羹〟で知られる給糧艦間宮とは異なる。写真で見ると八百トンくらいのたしかにトロール船である）

「軍需部でもカレー粉を切らす（品切れ）ということはなかったのじゃないか。昭和十三年には佐世保の軍需部にいたが（注：同氏の経歴では「昭和十三年三月二十六日海軍佐世保軍需

一口メモ／海軍軍需部　海軍で使う燃料、弾薬類（砲弾、魚雷、機雷）から食糧、被服など、軍需品一切を調達・保管し、必要に応じて部隊へ供給する機構で、各鎮守府に現品や調達のための事務手続きの拠点が置かれた。
横須賀では長浦、呉では川原石（現在の築地地区）、佐世保は干尽町、舞鶴は余部地区（現在も赤レンガの倉庫などが立ち並ぶ）に卸売場のような施設があった。とくに呉は調達の便と集積する艦船の支援に好条件もあって用地が広かった。現在でも呉には昭和時代の精米所などの看板の名残がある。

部員・海軍佐世保経理部員」となっている)、まだ糧食の調達はそれほど厳しくはなかった。肉類だけは国内契約が不足しがちではあったが……」

昭和十年ごろになると国民の食糧事情も少しずつ厳しくなるが、軍備優先の気運もあって、カレー粉も横須賀、呉、佐世保等にある軍需部から円滑に受け入れていたようである。当時のカレー粉は大きな缶（缶切りはいらない蓋式）に入っていて銘柄まではわからない。ただ、「カレー粉」というだけだったそうである。

⚓満蒙牛の買い付けに忙しい軍需部主計科士官

お二人の主計科士官の経歴から満蒙牛買い付けの話は瀬間氏の体験として間違いないようである。

昭和十年ごろは「肉が不足ぎみだった」ので、海軍軍需部では満州まで出張して牛肉を調達していたという。商社のような仕事だったというが、時代がすでにそういう情況にあって、海軍独自に食糧を手配する時期に入っていたのだろう。契約と言っても本当の買い付けで、現品を見てトン単位で契約し、艦艇を回して積み込んでいたという。運搬船を借り上げて頻繁に満州まで牛肉調達に行っていた。いわゆる満蒙開拓団によって肥育された満蒙牛で、評判もよかったという。瀬間氏は何度かハルピン方面へ給糧艦で出張したと言っていた。著書にも書いてある。

この給糧艦は前記のトロール船間宮丸とは違う海軍自慢の「間宮」という給糧艦（食糧などの軍事品を前線部隊に供給するフネ）で、日中戦争前後には主として上海、満州方面での食肉の調達に奔走していた。「間宮羊羹」で知られるように、昭和十六年以降は南方へ大量の食料やその他の軍需品を運搬することがほとんどだった（角本元少佐談）。

角本氏は十六年の十二月から七ヵ月間、間宮主計長をしていたことがあったが、戦争さなかであり、南方への軍需品輸送が主で、満州方面へは行かなかったようだ。牛肉の話は聞いたことがない。獣肉があれば、その利用法の一つとしてカレーがある。少しあれば数人分できる。カレーはそういう意味でも応用の利く食材である。

間宮が運ぶ軍需品といっても民間から託送を預かる品物もけっこうあり、よく呉で最後の搭載をして出港したという。サントリーの鳥井信治郎社長から預かったラバウル進出している連合艦隊への慰問品のサントリーの角を大量に運んだのも間宮だった。滋賀県の国防婦人会から託された桜の枝を梱包して冷蔵庫に保管して持って行った話も角本主計長の体験談である（拙著『海軍と酒』に詳述）。

牛肉と言えばカレーに繋がるかな、と満蒙牛のことを書いたが、もとより乏しい資料であり面白い話もないが、瀬間氏の著書『素顔の帝国海軍』（四冊のシリーズをふくめて）には主計科士官のボヤキなどもいくつか書いてあるので、二、三紹介しておく。

その１「大体、海軍士官といっても兵站の大事がわかっておらん。いつもメシは用意されていると思ってるのだから、これじゃ戦争にならんと思っていた。官舎で女房までが、お隣の服部さん（陸軍大尉）のお部屋には世界地図が張り付けてあるのに、アナタは缶詰を手にとっていじくりまわしてばかりいらっしゃるけど、役所ではどんなお仕事をしてるのですか、と言われ、情けなくなったことがある。しかし、言われるとおりだと思った」（缶詰の研究も軍需部の仕事だった）

その2「十七年ごろになると南方の現地調達というほどの量ではないが、けっこう魚が獲れる。獲れるのはいいが、毒を持つのもいるので注意が必要で、その判別も主計長の責任になる。東京にいるとき魚博士で知られる東大の末広恭雄博士のところまで教えを請いに行ったこともある。毒魚の勉強までするとは思わなかった。南方で実際に試食までしたことがある。これで死んでも名誉の戦死にはならんのだろうなあと思うと情けなかった」

一口メモ　小泉信三元慶応塾長の私家本を公開した『海軍主計大尉小泉信吉』（文藝春秋社、昭和四十一年）は海軍短期現役として主計士官になったご子息との戦中の手紙のやりとりが中心になっているが、南方で主計科兵が毒鯛の刺身を食べて口まで〝フィビエタ〟（しびれた）話や、猫に試食させた軍医長がフィビエた猫の看護に忙しかった話がある。

白山丸主計長小泉中尉がひさしぶりに「上等な牛肉にありつけ、うまいビフテキを食べたという父親への手紙の文面もある。カレーのことでも書かれていないかと読み返したが、それはなかった。

⚓ジャワで手当たり次第スパイスを購入

角本国蔵氏の「間宮」主計長はわずかな期間（七ヵ月）だったが、昭和十八年の戦況で東奔西走したという。前述したサントリー角瓶をラバウル方面へ届けたのもそのときの任務のひとつでトラック島に着いたのは四月初旬だった。四月十八日に山本五十六司令長官は戦死するので、その直前ということになる。ほとんど任務の直行便（航海は対敵警戒上ジグザグ）のとんぼ返りなので途中で南方の島に寄港するというような時間もなかった。

つぎに書く話は、とてもそのときのこととは思えないが、角本主計長がわずか七ヵ月の「間宮」勤務の間に何度か往復（三回以上と聞いた）したトラック島〝宅配便〟のときのどれかだろう。

ジャワ（寄港地はっきりしないが）に寄ったとき、部下を連れて市場へ行き、手当たり次第に香辛料類を買った。十八年の春となると戦況ますます下降ではあったが、場所によってはのんびりした雰囲気があったという。もともと親日的な国である。

市場へ行っても、どれが何か、主計士官とはいえそこまで知識はない。カレーがウコンからできているくらいのことは知っているが、どんなものを混ぜればカレーになるのかなど研究不足。主計科員も普段はカレー粉に頼ってカレーをつくっているのでスパイスの調合となると自信がない。市場でジャワの現地人に聞いても日本式カレーライスは知らないから相談しようもない。

大きな樽に入れて並べてあるスパイスを、主計科員に言われるまま「あれ」「これ」という具合に適当に計り買いし、分別した小袋に入れたのを主計兵に持たせてフネに帰ったという。

角本氏から聞いたのはそれだけで、正体不明のスパイス類を実際に使ってみたのか、その後のことは聞かずじまいだった。

筆者（高森）も二度ほどジャワ（インドネシア）のバリ島へ行ったが、ジェンドラという名のバリの知人に、「日本ではジャワカレーとかいうのがあるけど……」と言ったら笑って首を振るだけだった。もちろん〝ジャワカレー〟には出遭えなかった。

バリ島にはカレーに似たスープや煮物は多いが、カレーとは全然違う。ナシゴレンはサフランで色づけした鶏やエビを使った黄色いチャーハンのような米（ナシ）料理で、エスニックな香りがするが、ドライカレーともいえない。デンパサールの賑やかな市場の中で数十もある大きな樽や桶に入ったスパイス類を見たので、角本主計長の苦労がわかる。二十年ほど前のことで、私も、まだカレー粉にする成分構成がよくわからないときだった。

⚓海軍メシの管理者としての主計科士官

ここで、横路に入るのを承知で、海軍の主計科士官制度のことを書いておきたい。

カレーの話とは一見程遠いように見えるかもしれないが、部隊の食事の監督責任者となる主計科士官とはどういう経歴を持った人たちだったのか、海軍のカレーに少しは関係することでもあるので簡単に触れておきたいことがある。

海軍主計科士官になるには三つのルートがあった。第一は海軍経理学校で、兵学校、機関学校と同じ入校基準で、適格性や志望でそれぞれ決定された。兵・機・経を海軍三校と言い、三校出身者は俗称〝本チャン〟とよばれた。

経理学校（築地）での三年間の就学期間を卒業すると、同じ日に卒業した兵学校（江田島）、機関学校（舞鶴）卒業者とともに少尉候補生として遠洋航海に出て（戦時中は削減）、それが終わると海軍少尉となった。

（注：三校の就学期間は年次によって三年八ヵ月〈十九期〜二十三期＝兵学校の五十八期〜六十二期と並び〉とか四年〈二十四期〜二十六期＝兵学校の六十三期〜六十五期と並び〉もあるが、昭和十六年の開戦後は漸次短縮された。三校最後の卒業期は、経理学校は三十五期〈二十年三月三十日卒業〉、同期〈コレス〉は兵学校七十四期、機関学校五十五期〈十九年十月から兵学校舞鶴分校に改編〉）

瀬間喬中佐（経理学校二十期）や角本少佐（二十三期）は本チャンの主計科士官である。

角本主計科士官は戦争末期に鹿屋航空隊の主計長だったことが最近になってわかった。二〇一六年一月に、ふとしたことから短現（短期現役海軍士官〈後述〉）最後のクラス・十二期の國松久男氏（船橋市）から長い手紙をもらった。給糧艦「間宮」について私が書いたものに目がふれたようだった。その後、数回、國松氏とは書簡の交換を経て東京で面会もした。

海軍には独特の人事制度に短期現役海軍士官（略して短現）というのがあって、軍医科、歯科医科、技術科、法務科、主計科に属する士官を条件付きで短期養成して軍政・軍令部業務の不足を補うという制度が昭和十三年に設置された。最高学府を修業し、いったん社会人として枢要なポストに就いている若者を海軍中尉として任用し、二年間の勤務期間が過ぎたら社会へ復帰させるという、陸軍にはない制度である。陸軍なら如何《いか》なる人材でも陸軍士官学校に入らないかぎり二等兵からのスタートである。有為な若者を陸軍の一兵卒として使われてはいけないとの理由もあった。

國松氏が短現少尉候補生として海軍経理学校に入校したのが昭和二十年四月。経理学校本校生徒は前年十一月には浜松の分校（その一年前から品川分校もあった）に、翌二十年二月には垂水分校（兵庫）に場所を移すなか、短現生徒は築地の本校で基礎教育を受けたという。

ここが海軍の教育制度の素晴らしいところで、短現の海軍入隊者は築地本校での入校に感激するとともに〝海軍式〟を身につける契機となったという（國松氏談＝二〇一七年四月に聴取。その後、喉頭がんが発見され、同年八月に没）。

基礎教育修了が七月。数名とともに海軍主計少尉としての赴任先が鹿屋だったそうで、鹿屋航空隊司令部秘書班へ着任したら、直属上司になる主計長が角本少佐だった。

角本主計長は部下の面倒もよくみる人で、立派な人格だったという。國松氏は鹿屋航空隊の庶務主任として角本氏とともに終戦を鹿屋で迎えたが、復員後もほかの短現の旧友と角本氏を中心にした交流は平成七年までつづいたと聞いた。経理学校出身の本チャンとエリート集団の短現の交流を聞いただけで海軍人事が独自に考えついた優れた制度を理解することができる。

海軍主計科士官になるには三つのルートがあったと前述したが、その第二のルートとは國松氏のような「短現」で主計科士官になった人たちのことである。

短現第一期の教育開始が昭和十三年七月で、基礎教育修了が同年十二月。修了後、各人の専門職域の配置に海軍中尉として赴任した。当初は二年間という条件付きだったが、国内外情勢から勤務期間条件が見直され、最初から中尉としての任用も戦争半ばのころ少尉任用に改められた。

海軍士官にはこういうエリート集団があったことを忘れてはならないので、本書は「カレー」がテーマとは了知しながら、どの社会でもいかに教育が大事であるかを言いたくて書いておくことにした。

海軍三校出身者も短現には一目置いた。私が海上自衛隊幹部学校（市谷）高級課程学生のとき（昭和五十七年）、海軍人事局第一課員だった末国正雄氏（海兵五十二期）の講話を聴く機会があった。昭和十九年当時、海軍省での人事業務の話にふれ、「私は短現の採用などにもかかわっていたのだけど、アレ……りっぱなもんですよ。（部隊から）なにをやらせても一流だとよく話を聞きましたよ」と、末国講師の話のうち、そこだけ覚えている。それで〝短現〟を知った。

大蔵省や銀行に勤めていた人たちはほとんど主計科士官となった。ちなみに、中曽根康弘元総理大臣は短現六期である。しかし、戦後の日本再建には政治家よりも財界人や企業経営者に功績を遺した短現出身者が目立つ（もちろん政治家にも顕著な人があるが）。

前記の一口メモにある小泉信吉海軍主計大尉も慶應大卒業（昭和十六年三月）後、いったん三菱銀行に入行したが、その前に合格していた短現で海軍に入り主計科士官となった。巡洋艦那智勤務等を経て八海山丸主計長として乗艦中の出来事が家族に語れる範囲で面白く書いてある。こういうエリートの人たちの中に主計科士官が海軍にいたこと、部隊給食の管理者を兼ねた仕事もしていたことを考えると、海軍の食事にも奥の深さが感じられる。

小泉大尉と父親小泉信三慶応大塾長との書簡の中には艦内の食事に関する愉快な記事も多い。育ちのいい銀行員だった人がいきなり海軍の主計科士官になって食事管理の責任者になった驚きとともに料理への興味や関心が面白く書いてある。

白山丸という郵船会社の船で南方の泊地（場所不明にしてある）に入港したので連絡をとったら、「よかったら生糧品（生の肉や野菜類）を分けてあげましょう、というので牛肉、豚肉、ジャガイモ、タマネギを買ってきました」というくだりもある。これってまさにカレーの材料そのものじゃないかな、と読みながら想像した。主計長自身が献立をつくることはないから、あとは烹炊員長に任せることになるが……。マヨネーズをつくる難しさにもふれてある。主計兵に訊いたらしい。小泉主計長の、察せられる性格や人柄からも主計科員、とくに烹炊担当員たちとの人間関係も円滑だったに違いない。

別の日に入港してきた運送船から、「海軍さんはウナギをお持ちだと聞きました。少し分けていただけますか」と相談されて少し分けてやったという、こういうちょっとした話から昭和十七年ごろの海軍や民間船の食料事情、官（海軍）と民（民間船）の関係や交流状況まで感じることができる。悔やまれることに、小泉信吉主計大尉は昭和十七年十一月、ソロモン付近の海戦で戦死する。

私だけの感慨かもしれないが……。本チャン、短現の区別なく、主計科士官にはそういう気持ちもあるので海軍料理研究者として今のうちに主計科士官のことも書いておきたいという気持ちもあってすこし本筋から離れるようなことを書いた。

海軍主計科士官になる第三のルートは、いわゆる〝たたき上げ〟で、最下級で海軍に入った兵が主計科下士官を経て兵曹長以上に抜擢されるケースである。たたき上げというが、きわめて狭い関門から選抜される人事で、昭和十年ごろの比率で言えば、准士官以上になれるのは下士官兵五百人に一人くらいの割合だったともいう。この選抜制度は特務士官とよばれ、主計科の場合は「海軍主計特務少尉」というように呼称する。階級的には兵曹長、少尉が多いが、なかには大尉まで進級することもある。職種は不明だが、特務で少佐になった人も一人あると書いた資料を見たことがある。

特務主計科士官は衣糧（経理、庶務、需品管理、糧食）のベテランである。海軍では昭和二年から、専門的に栄養学を学ばせるために佐伯栄養学校（現在の佐伯栄養専門学校＝蒲田）

に委託留学させ、この制度は昭和十二年までつづき、十四名修学した。そのなかには特務士官に進級した者が数名いる。海軍の食事管理が高度なものであった背景には、やはり海軍独特の教育の成果がある。

⚓カレーの日は緊張した——元主計科員の証言①

海軍ではカレーをどのようにしてつくっていたか、ここからが〝海軍カレー〟のレシピに近づく実体験から聞いたいくつかの話になる。筆者が聞いたのは元主計兵の生の声であり、実際につくるのを見たのも目の前でのことなので大きな間違いはないはずだ。

「カレーの日は朝から緊張した」と、昭和三十六年三月ごろ、護衛艦「はるかぜ」先任海曹川下廣一等海曹（当時、海曹最高位の海曹長は未設定）から聞いた話である。私が二等海士で半年ほどフネの最下級調理員をしたことは前に書いたが、そのときことだった。

「カレーと聞くと、むずかしい料理の代表なので、気が張ったネ。どこがむずかしいのかというと、員長（烹炊員長）のイメージどおりのカレーに仕上げるところで、員長によって手順や材料の違いがあるからだ。ほかの料理なら作り方の基本や材料もおおむね決まってくるからこれまでやってたとおりにつくれば叱られないが、カレーときたら、ちょっと分量を間違えると後戻りできんからな」

断片的ではあるが、そういうことを言っていた。川下一曹が海軍に入ったのは戦争直前だったと言っていたから烹炊員（主計兵はだれでも経験する最初の実務）だった昭和十七年の体験だろう。スパイス類は胡椒以外使わずカレー粉だけだったという。

カレー粉だけと言ってもすでに何種類のスパイスがまぜてある。烹炊員長によって隠し味はいくつかあったらしいが、その説明はなかったように覚えている。海軍では擂《す》り下ろしたリンゴを入れることもあったと聞いたような気がする。

私は「はるかぜ」に勤務する半年前に横須賀教育隊に初任海士としての入隊教育を受けたが、ここにも海軍出身の烹炊員長がいて（郡司一曹という人）、初任海士教育として教育隊の実際の隊食づくりの現場実習をすることが数回あった。たまたまカレーのメニューだった。半年間、横須賀教育隊で過ごしたが、隊食にカレーが出たのはほんの数回だったように記憶する。昭和三十五年ごろの海上自衛隊のカレーとはそんなもので、その記憶からも「金曜カレー」はウソであることがわかる。

郡司烹炊員長のカレーづくりはとくに秘伝めいたものはなく、小麦粉もカレー粉も炒めずに小麦粉は先に水溶きして、最後の段階で缶に入ったカレー粉を、調子を見ながら入れていたように覚えている。あちこちで「覚えている」とか「記憶している」と、自信がありそうな、なさそうな、心細いことを書いているが、なにぶん六十年前のことである。いちいち覚えているほうがかえって怪しまれるが、私の場合はその前年、佐伯栄養学校の職員、その前は同校の学生で集団給食については専門教育を受けてもいたので、こと料理に関しては六十年前のことでも覚えていると言っても信じてもらえそうである。

川下一曹の証言、「カレーの日は朝から緊張した」の話に戻る。

「はるかぜ」で、明日はカレーという日の夕方、川下先任海曹が「それじゃ明日のカレーはオレが海軍でやってたようにやってみせる」と巡検の後、言い出してくれた。川下氏は分隊先任海曹なので普段は別のことをやっているが、カレーと聞いて海軍主計兵曹時代の腕を示してくれるということだった。

翌日午前の課業（決まっている仕事）は、調理員はしばし見学の位置だった。

乗組員三百三十名分の昼食を六名の調理員でつくるのは忙しいが、海軍も一人の調理担当者が約四十人分の食事を準備するというマンナワー（人単）の原則で配員されていたようだ。戦争中に戦艦霧島の烹炊員だった高橋孟氏は、「新三（海兵団から着任したての若い主計兵）がちょっとでも手を休めたりぼんやりしているとすぐにビンタが飛んできた」（『海軍めしたき物語』）と、海軍では時間管理も厳しかったことが書いてあるが、戦後誕生の海上自衛隊は上級者もよく気づかいをしてくれるようになったらしい。

しかし、「はるかぜ」は調理室の設備が悪く、蒸気炊飯釜はなく、海軍時代に駆逐艦で使われていたバーナー式の炊飯釜と電熱式の調理器があるだけの調理員泣かせの旧式装備で、ほかの艦艇よりもマンナワー負担が大きかった。海軍時代に近い調理条件ではある。

「スープはとってあるな？　材料も切ってあるな？　それじゃ、小麦粉とカレー粉を炒める」と、翌日はまず鉄製の四角い揚げ物容器を使って小麦粉炒めからはじまった。熱源は電気だが艦艇の電気器具は高性能ですぐに二百度以上になる。

「小麦粉は最初、からいり（乾煎り）する。焦がすと焦げ臭くなってどうにもならない。焦げる匂いと香ばしさとは違う。色と臭いで判断する」

栄養学校でも教わらなかったようなことをわかりやすく教えてくれた。

私より教育隊二期先輩の一等海士二人を助手にして小麦粉の煎り方、炒め方の手ほどきをしてみせてくれた。ある程度進んだところでスープを少しずつ入れてルウをつくりはじめた。

「海軍ではヘット（牛脂）を炒めたものをよく使った」

昔はヘット、ラード（豚脂）がよく使われていたが、戦後は使わない。様子を見ながらさらにスープを加えていった。塩や胡椒も入れたのだろうが気がつかなかった。ここでも火加減が大事で、焦がすようなことがあってはぜったいいけない。

「海軍では、おおざっぱでいいところは大雑把、丁寧にすべきところは丁寧にとうるさく教わった」とも川下先任は言っていた。

大雑把でよいところとは、カレーの具材でもいえる。「お嬢さんのママゴトじゃない！」と言うのは、時間をかけて材料を小さく切りすぎること。カレーのじゃがいもや人参は大きいほうが食べデがあって喜ばれるということらしい。

肉（牛肉）は柔らかいところと硬いところがあるが、カレーには硬いところを別に煮込んでおけばだしもよく出てかえってうまいカレーができる。牛すじ、すね肉など前の晩にあるていど仕込んでおけば充分間に合う。

そんなことを言いながら、途中いろいろなコツを教わった気がするが、よく覚えてはいな

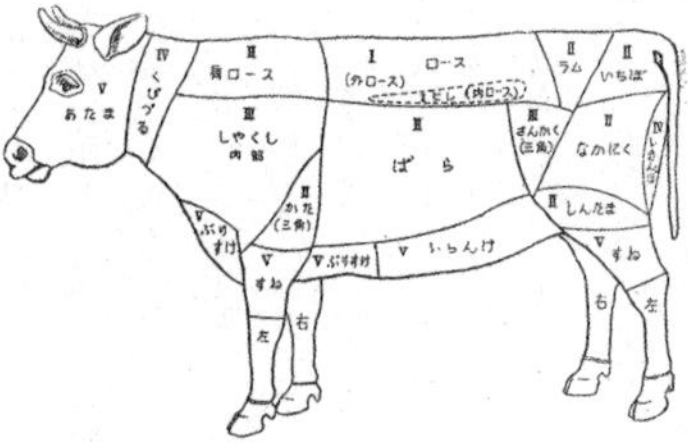

味も増加するものである

牛肉は部位に依て品質の等級があり上圖に於てローマ數字は其の等級順序を示すのであるが、一般には鞍下及び臀部の肉を最上とし脚及び腹部のものを最下とする

牛肉各部位と量目及肉質の良否標準

區分	前身								(肩)
標準等級	五	二—三					一—二	四	五
名稱	くびづる	約子					肩ロース	ぶりすけ	すね
		三角	内みすぢ	杓子の中肉	外みすぢ	とーがらし			
目方(瓦)	一八七五	一八七五	三七五	一八七五乃至二二五〇	七五〇	四八七	三七五〇	二二五〇乃至二六二五	七五〇
摘要	質硬く並に懸吊するを以て血液に富み腐敗し易い		大圓筋及肩胛下筋は質軟く最良である			質硬し	鋸筋を最良とす	胸骨腱膜筋が最も劣等である	二頭膊筋に多量に腱を交ふるも之を除去すれば味が佳良である

第五章　献　　立

六九

D 薦骨
E 坐骨縫際
J 骨盤（膝車）
K 膝蓋骨
L 股骨頭
M 股骨
N 脛骨

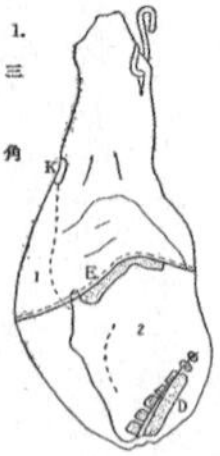

1. 三角（三角は「しんたま」を包む）
2. らむいち（坐骨に沿ふて肉截刀を入れ骨の全部を「らむいち」に着け三角を取る）

い。できあがった〝海軍式カレー〟がどんな味だったかも思い出せない。ただ、現在のように四角いチョコレートタイプの既製品のカレールウの素は使わず（まだ販売されていなかった）、カレー粉から三百人分以上のカレーをつくることの大事なポイントと、海軍のころのカレーはさらに何種類かのスパイスを入れることもあったそうで、たいへん手間がかかるものだということがわかった。子どものころ母親がカレー粉を使ってつくるのと手順は同じであるが、家庭では多少失敗してもいいが、海軍のカレーは、失敗は許されない。

大量のカレーを毎回同じ味につくるのは責任が大きい。川下一曹の体験は戦争中のことであり、また、烹炊員長によっては作り方や味付けのコツも違うかもしれないが、「はるかぜ」での体験は海軍式カレーのいいサンプルになった。

そのポイントを整理すると、つぎのようなことが言えそうである。

① スープ（ブイヨン）をとる肉は。骨やすじ肉がいい。野菜くずもスープのだしに使え。
② 肉は切り方しだいで固くも柔らかくもなる。繊維の断ち切り方を工夫せよ。
③ 小麦粉はよく熱加減をみながら煎ること。焦がしてはいけない。手を休めるな。
④ カレー粉はあまり炒めなくていい。小麦粉が香ばしくなったときに加える。
⑤ 材料は大き目の食べやすいくらいに切れ。お嬢さんのママゴトじゃない。
⑥ 味付けは数回に分け、最初はうす味ではじめる。その反対はできない。

川下一等海曹から教わった海軍式カレーのポイントはそんなものだったが、いまになって思うと、当時は当たり前のようだった言葉のやりとりも貴重に思える。

川下一曹の烹炊経験はそれほど長いものではなく、新兵から二年半後には経理学校へ入校してそこで終戦を迎えたと言っていた。

この人にはその後長いこと会うことがなかったが、二十四年後の昭和六十年夏に消息を確認し、佐世保へ出張の折りに再会できた。昔と変わらないもの静かな人柄とこの人の主計兵時代の厳しい勤務を重ねて想像しながら二人だけで夕食のひとときを過ごした。私は海幕厚生課給与班長だった。昔でいえば、佐世保海軍軍需部の次長くらいに相当するらしい。かつての二等海士（二等主計兵）が一等海佐（海軍大佐）になっているのを心から祝してくれた。川下氏はかなり前に定年退職して佐世保市内に住んでいると言った。

昔の人に会うと、みな海軍時代を楽しそうに語る。厳しい生活も戦後の糧になったことは間違いない。海軍の主計科といえばあまり目立たない仕事が多かったが、時が過ぎるといい思い出ばかりが残るようだ。そういう話を直接聞ける時期（昭和三十五年～五十年代）に私も海上自衛隊にいたことはさいわいだった。

（注：筆者の文中にある記憶の年月は海上自衛隊での「勤務記録表抄本」を確認しながら書いている。自衛隊では退職時には、希望する者は本人の「勤務記録表」をもらい受けることができる。希望しない者もいるらしいが、私は迷わず譲り受けた。これも記憶の再確認や思い違いの是正――パソコンでよくやる更新や保存のようなもので、執筆でも大いに活用している。一般企業では長期勤務者の勤務記録はどのように管理し、退職者に対処しているのだろうかと、海軍式人事管理制度との比較をしてみたくなる）

⚓「塩が安いナ」上司のこのひと言は重大――元主計科員の証言②

江田島の第一術科学校に堀江（旧姓・松原）二等海尉という海軍主計兵出身の調理実習教官がいた。昭和三十六年十二月に私が三等海曹の入隊講習を修了し第一術科学校教官になったときにはすれ違いで転出していたが、海軍仕込みの調理技術と少しばかり荒っぽい包丁扱いが教官室でも語り話だった。八年後の昭和四十四年ごろ、私は横須賀補給所の糧食管制係長をしていて、近くに係留している、この人が補給長を務める実験艦（電波機器等の実用試験艦）「わかば」を一、二度訪ねたことがある。「わかば」というのは戦争末期に戦闘で水没した駆逐艦「梨」を引き上げて護衛艦にリニューアルしたフネで、堀江氏は補給長（昔の主計長）の職務に満足の体だった。

聞くと、主計兵時代この駆逐艦「梨」に乗っていたのだという。海幕人事は粋な配置を考えるものだと感じた。海軍時代に遡《さかのぼ》る過去の身上把握もよくされていることに驚いた。後年私自身がその海幕人事課補任班勤務をすることになり、海軍式人事データの管理の優れたところがわかった。

堀江補給長に会ったついでに海軍時代の糧食管理について尋ねた。

「私の海軍時代の仕事は、本にある『海軍めしたき物語』とまったく同じ。そりゃ、厳しい生活だったですよ。朝から烹炊所と下のほうにある糧食庫にラッタルを何度も上がったり下りたりで、先輩たちの人遣いの荒さときたらとてもじゃない。でも、料理は嫌いなほうではなかったので懸命に覚えました」

「烹炊員長に吸い物の味をみてもらうんだけど、ポツリと〈塩が安いナ……〉と言うときは塩味が濃いということ。そのひと言は重大です。味付けは少しずつ、慎重に、というこ

一口メモ　カレーは普通スプーンを使って食べるが、明治中期にはスプーンとフォークを使うこともあった。肉や野菜はフォークのほうが食べやすかったのかもしれない。イギリスの影響も考えられるが、根拠はない。なお、洋食で、ライスはフォークの背に乗せて食べるのが正しいとする話が昭和三十年前後にあって私の就学中の栄養学校の講師さえそういうことを言っていた。これも根拠のある話ではないようだ。イギリス人は普段米（ライス）を炊いては食べない。フォークはものによって（豆など）潰したりしてフォークの背に乗せることはいまでもある。英留学から帰国した海軍士官が持ち込んだ話や銀座の煉瓦亭が発祥とする説もある。どこかで混同した話だろう。テレビドラマ『戦艦大和のカレイライス』では、それを承知で、ＮＨＫはフォークを添えたリーフレット写真にしてあった。

となのだろうが、いちいち教えてはくれない。徒弟制度ですよ」

「野菜くずはそのまま捨てるな、まだ使い道がある。ニンジン、タマネギ、長ネギ、卵のカラなどはダシ取りに使えといわれてたけど、食べ物を大切にすることに通じます」

「カレーはつくりやすいと思ったら大間違い。カレーを食えばそのフネの料理レベルがわか

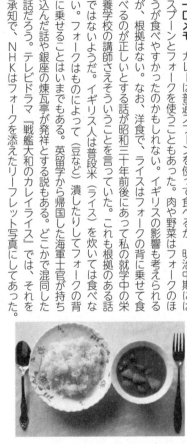

ると員長が言ってましたよ」

この、「カレー」云々は、横須賀補給所で新契約したカレールウの素が入ったので、在泊艦艇の何隻かを選んでアンケート式に補給長や調理員長の所見を聞いて回ったりしていたときのことだった。

そのころは〝海軍カレー〟も〝海自カレー〟もなく、カレー粉を使えばどんな作り方でも一応カレーライスになる。出来不出来は千差万別。それでも乗組員にはカレーが嫌いな者はいなかった（アンケート調査結果）。そういうころのカレールウの素の出現だから調理担当者は楽になった。つまり〝金曜カレー〟の前の〝土曜カレー〟になりつつあった。

「昔は士官室のカレーはフォークを使うことがあった」

これは堀江補給長から聞いたのだったか、ほかの元主計兵だった人から聞いたのかはっきりしないが、駆逐艦など小型艦は艦長の好みで、ひところ（明治時代）カレーはフォークとスプーンで食べる時期があったのを真似たのかもしれない。

「昭和十九年ごろになると内地も肉不足でカレーにもサバやイカを入れたりしていた。サバの缶詰なんかはけっこう人気があった」

今でいうシーフードカレーといったところだろうが、肉不足による、文字どおりの苦肉の策だったようだ。塩マスのカレーは第二十一駆逐隊の考案である。何度か駆逐艦部隊内で、試食したもので、艦隊推薦料理の一つとして選定されたカレーだったようである。

レシピ／塩鱒のカレーライス（「第一艦隊研究調理献立集」から）

材　料　塩鱒、馬鈴薯、玉葱、牛蒡、グリンピース、カレー粉、胡椒、味の素。

献立解説　塩鱒は三枚におろし、真水に約三時間浸し途中一回水を替え、賽の目に切り、牛蒡はボイルし、之を油にて炒め塩、胡椒にて味を付ける。之に使用するスープはイリコにて煮出し汁を取り、その他製法はカレーライスの製法に同じ。

所　見　牛肉の代用で塩鱒を用いるものであるが、一般的に好評を博した。

前記した「塩が安い」は家庭料理にも通じる。いまは高血圧予防のためにも塩分摂り過ぎに注意されているが、海軍では知ってか知らずか、「塩は安いからといって沢山入れてはいけない」と教育していた。海軍経理学校の料理教科書に塩分と高血圧の関係はどこにも書いてはないが、「すこしずつ味をつけていき、一度できめてはいけない」とか「料理の美味さは塩や砂糖のみではなく、旨味というものがある。その混合を風味といふ。塩を多く入れるときはむしろ風味を失ふ」など、食材本来の持つ味を大切にするしつけが徹底されていた。健康料理伺候や減塩運動にも通じる。たぶん昭和初期に優秀な主計科の下士官を佐伯栄養学校に国内留学させていた成果ではないかと思う。

ちなみに、『海軍厨業管理教科書』（昭和十七年版）では、料理の基本として、つぎの要領が記されている。特定の料理についてではなく、料理全般に通じる調味にあたっての留意事項なのでカレーにも適用できることだろう。

味の付け方

調味品は他の食品と異なり献立に示された分量を其の儘一回に加味すべきではない。先ず其の八分目を入れ残り二分は味を見つつ使用すべきものである。是は材料の性状並びに量の多少により加減すべきものであるからである。故に献立に示す調味品の分量は単に其の標準を示すに過ぎないから、調理に当っては之を加減し適量を使用することに注意せねばならぬ。又調味品には味を主とするものと香を主とするものとがある。味を主とするものは最初から入れ充分煮出し、香を主とするものは水を止める直前に入れるのがよい。

（第五章　調理　第五節「基本調理法」より）

当たり前といえば当たり前の調理の基本ではあるが、海軍の調理教育はこの教科書が書かれる昭和十三年から十五年にかけてとくに栄養学を実戦で生かす工夫や戦争を前にした十二年七月が盧溝橋事変に端を発した日中戦争のはじまり、十六年十二月ハワイ・マレー沖海戦ではじまる対米英蘭戦争で、海軍の食事も質実なものへと変化していく。先にあげた二人の元主計員出身の証言は、時局が反映されているように感じる。

食事と健康の関係なので、話のついでに海軍がいかに栄養管理に留意していたか、栄養学の先駆者佐伯矩博士と海軍の逸話を紹介したい。

私が佐伯栄養学校出身であることは履歴のとおりであるが、在学中に校主佐伯矩博士から授業でも海軍の依託学生のことをよく聞いた。

「海軍から勉強に来る下士官たちはよく勉強していた。入れ替わりながら一年間ここに来るわけだが、熱心で、よく質問もしていた。外国ではこういう食べ物がありましたがどうなのでしょうか、とか、食生活と国別の風土との関係など、海軍は外国のことを知っているだけにいい質問があった」

博士は明治三十年代半ばに内務省伝染病研究所長北里柴三郎博士の門下生として細菌学・毒物学を学び、エール大学で医化学を修め、初代国立栄養研究所長を務めた。時を同じくして栄養学校を私学として設立して国民の栄養向上普及を目指した。とくに大正期から昭和初期にかけて世界中をその目で見て歩いているだけに、海軍から差し出された留学生との交流は嬉しかったと言っていた。

私は同校卒業後、短期間ではあったが学校職員として佐伯博士の下で日常の食事をつくる職務についていた関係もあり、授業では聞けなかった私的会話を聴くことも出来た。「人参は体にいいのだ。毎日かならずつけてくれ」と、大栄養学者の要望だが、ニンジンをどう料理するのがいいのかわからない。いまなら目先の変わった人参料理でもできるが、当時は人参のグラッセもポタージュも人参のヨーグルトドリンクも知らない。人参を短冊に切って鰹節のうす味で煮るくらいの知識しかなく、いまでも心残りである。

同博士の「栄養と料理」に対する理念も学ぶことができた。その中でいまでも敬服するのは、「日本人は米を大事にしないといけない。米を中心にした食生活こそ健康のもとであり、日本の気候風土からも自給自足できる農作物だ。人口は増えないといけない。増えることで国の発展にも繋がる。食糧はなんとかなる」ということだった。現状はその逆だと感じるとともに、佐伯博士の先見の明にあらためて感嘆する。

博士は海洋国として海の守りが大切なこと、その海軍から留学生が十数年にわたって自分の学校に来たことを誇りにしていた。私が海上自衛隊に入った動機も学校の勧めだった。

カレーの話と遠のいたようなことを書いたが、食生活は健康と切り離せない。それが栄養管理である。カレー一つにも健康の基本がある。カレーを栄養あるいは健康面から見た私見を本書の終わりに付記しておきたい。

⚓『海の男の艦隊料理』によるカレーライス・レシピ

海軍は陸軍にくらべ、料理教科書や料理研究資料を明治後期から大東亜戦争中期まで数多く発行している。陸軍にも大正期に『軍隊調理法』という野戦を想定したわかりやすいアウトドア料理二百七十種に及ぶレシピが唯一の教科書といえる。

海軍が食事管理について明治以来、専門部門を設け、教育機関によって合理的で科学的な兵食を供給しようとしていたこともくどいくらい書いてきた。海軍は基本的に明治時代に、「脚気」という最大の敵を克服して以来、食事の大切さを認識し、食事を通した戦力づくりにも必死となった。必死となりすぎるあまり、グルメの域まで極めようとした行き過ぎはあるかもしれない。

しかし、主計畑関係者が必死の努力でつくった料理教科書は逐次形を変えながらも、基本的なことは一貫して守られてきた。それは『海軍厨業管理教科書』や『海軍主計兵調理教科書』を見ればよくわかる。

元海軍主計兵だった高橋孟氏（元神戸新聞社勤務）には『海の男の艦隊料理』（新潮文庫、昭和六十一年刊）というイラスト付きの海軍料理本がある。海軍経理学校で昭和十七年三月に発行された『海軍主計兵調理教科書』を解説付きで復刻した文庫本である。経理学校は同じ年の一月に学校として最後の発刊となる『海軍厨業管理教科書』改訂版も発行している。戦況が悪化しはじめる時期（六月にはミッドウェー海戦の大敗）になっても、食事管理や料理の心得を書きとどめたところに海軍の矜持というか、〝責務〟と〝覚悟〟のようなものが見えるようである。

〝覚悟〟といえば聞こえはいいが、十七年の時局（国民生活は物資統制が厳しく、食生活は厳しくなっていた）の中で、まだ教科書ではテーブルマナーについて熱心に解説しており、一見〝能天気〟に受けとられそうなところもある。これが良くも悪くも海軍の体質とも言える。ヤケクソで形のあるものを遺しておこうとなったのかもしれない。

『海軍主計兵調理教科書』は、大正七年一月発行の『海軍五等主厨厨業教科書』がもとになっている。その中で、カレーライスにはつぎのようなレシピがあるので転載する。昭和期に

献立名	材料（一人分）	数量 グラム	蛋白質 グラム	温量 カロリー	ビタミン +は強度 A	B1	B2	C	D	E
カレーライス	鶏肉	一〇〇	一九・五	一五二		+				
	馬鈴薯	一〇〇	二・〇	七九		++		++		
	人参	五〇	〇・六	一三	+++	++		++		
	玉ネギ	五〇	〇・五	一三		+	+			
	麦粉	二〇	二・四	七四						
	ヘット	一〇		九三	+				+	
	カレー粉	一～二								
	スープ	適量								
	塩・胡椒	少量								
	米麦飯									

は栄養管理も科学的になったことが数値表記からもわかる。

ついでに言うと、栄養関係数値も今日の試算と大きな相違はない。

準　備　鶏肉は小口切り。馬鈴薯、人参、玉ネギ（いずれも賽の目切り）。

調理法　蒸し鍋にヘットを溶かし、カレー粉および麦粉を加えて焦げ付かぬようによく煎り、スープを徐々に加え、薄いトロロぐらいに延ばし、鶏肉、馬鈴薯、人参、玉ねぎをいれて、塩胡椒で味を調え十分煮込み、飯を皿に盛り、これをかけて供卓する。

参　考　多量調理を可とす。

高橋孟氏の主計兵としての体験は海上自衛隊での給食管理システムづくりに大いに役立った。どこが役立ったのかというと、海上自衛隊が創設されたとき、当然、給食管理についても海軍時代の伝統的な業務処理法は先人のおかげで優れたところが遺ったが、手探りなところもあった。給食関係業務は、いわゆる「めしたき」にとどまらない業務管理や人事管理であるべきだという構想はあったが、具体的なことはあまりわからない。給食を担当する隊員は、言ってみれば、「めしたき」には違いない。シェフと言うには職業が違う。

（元海軍主計兵・漫画家・挿絵画家／高橋孟。大正九年、徳島生まれ。化学機械製作所で製図工として勤務中の昭和十六年に徴兵で海軍入隊、主計兵として戦艦霧島で海戦に遭遇のほか、海軍航空隊等で勤務。戦後は転職の後、神戸新聞に入社、時事漫画等を連載した。作家田邊聖子氏とは連載漫画を通じて知遇を得たという。平成九年三月没）

しかし、こういう仕事に就く隊員もいないといけない。どのように募集し、教育し、部隊経験をさせ、将来の希望を持たせて次のステップへ進ませるかは重要なマネージメントになる。

昭和五十年十月に海上自衛隊第四術科学校が開校するにあたり、昔で言う主計科衣糧職下士官兵を新たに特技職「給養職」海曹士として海上自衛隊のロジスティック（後方支援）を担う人材育成を目指すこととした。

相談相手は前述した元主計科下士官の盛満二雄氏だった。盛満氏は自衛官定年退職後も引き続いて事務官に転換して私と一緒の職場で給養管理の教務を担当していた。

私はこの教育機関の創設時から教育科目の設定や課程の運営方法にある程度かかわっていて、開校時には教育課程の科長教官もしていた。そのころ知ったのが月刊誌『面白半分』に連載されていた高橋孟氏の「海軍めしたき物語」だった。『面白半分』は半年ごとに編集長が変わるヘンな雑誌であるが、いま調べてみると吉行淳之介を初代編集長に、その後、野坂昭如、五木寛之、藤本義一など錚々《そうそう》たる文士の手に成る雑誌だったようである。

盛満氏が、「こんな連載がある」と言って、開校間もないころ『面白半分』を紹介してくれた。それが「海軍めしたき物語」との出会いだった。そのときの編集長田邊聖子氏が高橋氏を誘って海軍の裏話として、あまり知られない烹炊員の哀切こもごも物語を書かせたものらしい。

盛満氏は「海軍の主計兵の生活はまったくこのとおりで、このまま隊員に読まれたらいよいよ給養職希望者はいなくなるかもしれないけど、海軍はこうだったけど、これからの〝めしたき〟は新しい職種として教育を受けるんだという参考資料として使えるのでは……という提案があって、連載が終わって単行本になるというときに教育資料としてまとめて六十冊を購入した覚えがある。

私の勤務履歴とこの本の出版時期にすこし合わないところがあるが、盛満氏と交わした右の会話だけは今でもはっきり覚えている。それが『海軍めしたき物語』（新潮社）だった。

『海の男の艦隊料理』表紙

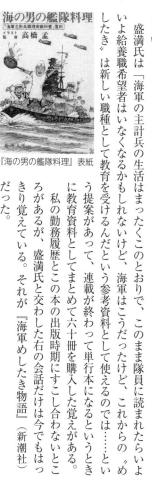

高橋氏の著作を取り上げたのは、軍隊での食事係と言えば、「輜重輸卒が兵隊ならば蝶々トンボも鳥のうち」と、軍隊ではその任務を軽視されがちだった主計員の体験を遺してもらった著作が戦後誕生した海上自衛隊での人材育成資料として役立っていることを言いたかったからである。泉下の高橋孟氏にそれを報告したく引用した。

『海の男の艦隊料理』は昭和六十一年の発行なので長い間その存在は知っていたものの、発行元に訊いても廃版されていて、古書店でも見つけることができなかった。つい二年前になって、拙著の長年の読者で文京区に住む波多野修氏からさりげなく贈られてきた本がこれだった。読者はありがたいことである。長年本を書いているといろいろな出会いがある。

⚓戦艦大和風カレイライスの復刻

二〇一七年四月に、呉青年会議所から相談を受けた。

「呉市の夏のイベントで、呉JCとして戦艦大和のカレイライス三〇〇〇食を市民にサービスしたい。ついては戦艦大和のカレーのレシピを見せてください」という頼み事だった。

海軍料理についてよく質問や相談があるが、戦艦大和のカレー・レシピを、と言われると返事に困る。こういう返事をした。

「大和のカレー・レシピって言っても、書かれて残っているものはないんですよ。海軍では基本的なレシピはあっても、艦艇部隊ではそれをもとに現場で工夫してつくるということで腕を競い合っていました。しかし、書き残したレシピというのはないのです」

「戦艦大和は戦争末期の食糧事情からぜいたくなカレーはつくれなかったと思うけど、そういう背景を考えながら、調理担当者が工夫した〝大和風カレー〟というのならレシピをつくれないことはありません」

「いまのようなインスタントのカレーの素はない時代だし、カレー粉さえ自由に手に入らなかった戦争末期だから、やるのなら何種類かのスパイスを調合してつくりましょう。大和風カレーということで。海軍ではスパイスは南方で入手できたようだから……」

かくて、話がまとまり、七月下旬の花火大会に合わせて計画を進めることにした。

一つだけアドバイスした。

「大和最後の出撃のときの人数（注：三千三百三十二名または三千三百三十三名）だからと言うことだけど、三千人分のカレーをつくるのはたいへんなこと。五百人分の大鍋だけでも六つ要る。防衛大学校の学生がそのくらいになるけど、食堂は向こうが見えないくらいですよ。やれる人数で考えたほうがいい」と。

折りよく東京へ行く用があって、横浜中華街と築地市場でスパイス類を数種購入した。ターメリック、クミン、コリアンダー、カルダモン、フェンネル、ガラムマサラ……そんなところだった。カレー研究家の水野仁輔氏もスパイスは最低六種類あればつくれると何かに書いていた。チリペッパー（赤トウガラシ）や胡椒はどこにでもある。ガラムマサラはすでに数種のスパイスが混合されたものなのでサンプルとして買っただけで使わない。

築地へ行った足で印度料理専門店ナイルレストランに立ち寄り、社長のゴパーレン・ナイル社長に会って、カレーづくりの上でのポイントを訊いた。

ナイル社長は、イベントの主旨を聞くと「たいへんダ」と笑いながらも、スパイスの混合割合など教えてくれた。ナイル社長は海軍ファンで、（何の用事なのか聞かなかったが）「呉にもときどき行きます」と言っていた。

店を出たら、ナイルさんが私を追っかけてきて、「もう一度、入って、入って」と店内の奥に座らせて自衛官と撮った写真などを見せてくれた。

レストラン「ナイル」についてはよく知られているので説明の必要もないが、私は昭和三十三年ごろ初めて「ナイル」でインディラカレーを食べた。栄養学校学生だったが、何かの本で歌舞伎俳優坂東蓑助丈が「よく行く店」として紹介していた。歌舞伎役者年鑑で調べると、その年代から六代目坂東蓑助丈（一九〇六～一九七五年）ではないかと推定する。この人は料理に結構うんちくがあり、味噌汁にトマトを入れたものを考えたと何かのグラビアページで紹介していたのを学生時代に読んでその名を知った。「ナイル」には歌舞伎座での稽古の合間によく行くと書いてあった。週刊誌だったたと思う。

ナイルのカレーは、もちろんインドカレーなので日本の普通のものとは違う。鶏のモモ肉を大きいまま添えて、サービスのときにナイルさんみずからお客の皿の鶏肉を捌《さば》いてくれる。昭和四十年代に家族を連れて行ったこともあり、初代のナイルさんが「マジェテ、マジェテ」と、スープとライスをよく混ぜて食べるように勧めていた。現在の二代目のゴパーレン・ナイルさんは茨城生まれの文化人でもあり東京農大の講師や文化活動にも忙しい。水野仁輔氏とも交流があり、共著もある。店の大きさも間取りも六十年前から変わらない。

参考までに店内でも販売しているナイル社製の「インデラカレー」百グラム入缶（六百円）を二つほど買って広島へ帰ってからカレーをつくってみた。

工夫され抜かれたらしいブレンドで、日本のエスビーカレー製品ともすこし違う香りがする。日本の各社のカレー粉もそれぞれよく研究されているのはカレーの歴史でよくわかる。どこの製品も調合してあるスパイス類に陳皮《ちんぴ》まで入れると二十種以上になると思われる。その違いがカレーの愉《たの》しみにもなる。カレーが均一になってしまってはおもしろくない。インデラカレーの缶は食卓に置いていて、家族がつくるカレー（ルウの素使用）のときは少しそれで調整したりする。

戦艦大和風カレイライス復刻のレシピは、つぎのようなものだった。作り方は前記した護衛艦「はるかぜ」で海軍主計兵だった先任海曹川下廣一等海曹が海軍時代を思い出しながらつくって見せてくれた手順なので、材料と手順のポイントだけ記す。二度試作し、三回目の本番に臨んだ。

呉青年会議所イベント用戦艦大和風カレイライス（高森直史・考証及び監修）

注：試作のため二十人分の材料数量としてある。家庭用には人数分を適宜比例。

材　料　牛　肉（小間切れ）６００g、牛すじ肉６００g、鶏もも肉（ぶつ切り）４００g。

戦艦大和のカレイライス試作会（広島市安芸区の筆者のログハウスエリアで）

野　菜　玉ねぎ10個、にんじん7本、じゃがいも15個、りんご5個、にんにく8個、しょうが3片。※具の量は多めにしてある。

香辛料　ターメリック（ウコン）、レッドペパー（赤とうがらし粉）、コリアンダー、クミンシード、クミンパウダー、白胡椒、（ガラムマサラ＝ごく少量）。

その他　小麦粉（薄力粉）3kg、サラダ油1・5kg、オイスターソース0・5ℓ、塩少々、（スープ材）鶏ガラ1羽分、豚骨、適宜、玉ねぎ、にんじん、セロリ、水2ℓ、八分搗き米1400g（約1升）、押麦200g（約

2合)、ヘット50g。

作り方

①時間をかけて(4時間以上)スープ(ブイヨン)をとる。すじ肉も入れる。
②肉、野菜を切る(やや大きめ)。
③クミンシードを空煎りして一旦取り出し、小麦粉を空煎りする(焦げ付かないように注意)。
④クミンシード、その他の香辛料を混ぜ、スープで延ばしてルウの状態にする。
⑤鍋を熱し、ヘットを溶かし玉ねぎを飴色になるくらい時間をかけて炒める。
⑥すこしずつルウを加え、中火でゆっくり煮る。塩を少しずつ入れて調味する。

カレーの作り方にはほかの手順もあるが、前記したように細心の注意を持って、とくに火加減に注意すること、スパイス類の特徴を知って、調合配分をすべて控え目にしながら加えていくこと、塩味も控え目からスタートすること、どのくらいのトロミをつけるかを最初から腹案を持って臨むこと……などなどがポイントになるようである。

第一回目は私の家の近くに建てたログハウスのピクニックエリアで、呉青年会議所スタッフとその子供たちを交えた講習会として実習をした。

呉青年会議所のスタッフは初めての挑戦だったが、数日前にレクチャーしておいたレシピを熱心に勉強して試作会に参加したようで、きわめて順調に〝戦艦大和風カレイライス〟をつくることができた。

同伴してきた子どもたちも揃って「おいしい」と言っていたからうまくいったのだろう。こういう場合、大人なら大抵「絶品です！」とか「超おいしい！」とか、テレビでは「なんというか……こう、まったりとして……」などと、ほんとかどうかわからない誉め言葉を使うが、子どもの「おいしい！」とか「おかわり！」にはお世辞や社交辞令は入らないと考えていい。

子供向けにつくったものではなかったが、そろって完食していたから子どもには過ぎる刺激的な辛さもなかったのだろう。これなら呉市サマーフェスティバルでもうまくいけると予想できた。

実際、二〇一七年七月三十日の「戦艦大和のカレイライス」はオープン前から長蛇の列をなし（無料サービスでもあったが）、一時間十五分で五百食分の鍋が空になった。当日のカレーも出来はよく、味はもとより、野菜の切りかたからトロミまで試作研究会とさらに確認調理で本番一週間前につくったものとまったく同じ印象を受けた。

市民から「どこが大和のカレーなのか？」という質問に備えて数枚のパネルで先手を打ってQ&Aを簡単に書いておいたこともよかったようである。

これが戦艦大和のカレイライスという証明は出来ないが、インスタント・カレールウが販売される以前のもっともオーソドックスな作り方はカレー文化を考えるうえでよい勉強にな

一口メモ　料理を評する言葉として「まったり」は便利な用語ではある。しかし、意味をよく知らずに使われることがある。「まろやかでこくのある味わいが、口中にゆったりと広がっていくさま」と大辞林（一九八八年版）にはあるが、同じ一九八八年（昭和六十三年）版の広辞苑にはまだ「まったり」はない。方言としてはいくつかの地方（近畿の一部、長野県下伊那郡など）で昔からあったらしいがそれぞれやや意味は違うようである。

いまでは味覚を表する言葉として定着した感があるが、気分や雰囲気を表す用語の方が強かったようである。一九八三年から『ビッグコミックスピリッツ』誌（小学館）に連載された雁屋哲氏原作・花咲アキラ氏作画の漫画「美味しんぼ」での作中人物の吹出し（セリフ）が波及したもののようだ。

日本語には「あっさり」とか「さっぱり」「こってり」「がっくり」など語幹の接尾語を「り」に替えたものがいくつかある。同じ副詞でも「やっぱり」とか「きっぱり」とは由来が違うようだ。料理の評価に、自分なりのいい表現ができずに、安易に「まったり」で片づけるのはどうかと、〝ゆっくり〟考えながらの〝まったく〟の私見である。「ぎっくり」腰や「ぐったり」した態度はいけません。海軍兵学校「五省」には精神と態度に対する箴言があり、筆者は座右の銘としている。

る。呉青年会議所のように、若い人たちが中心になって食文化や健康食を考える場が広がるのはいいことだと感じた。

「海軍カレーはこうしてつくっていた」と、見たようなことを書いてきたが、きわめて断片的ではある。さいわい旧海軍の主計関係者の証言や作り方の実際を見たことでいくらか証言出来たくらいである。まだ聞いたことはあるが、確実な記憶として残ってはいないので割愛した。

川下元主計下士官の海軍カレーの実技でもうひとつ学んだことがある。

カレーは昼食だったが、夕食後の調理室のあと片付けのとき、ふらりと川下氏が来て、「ついでに昔の掃除の仕方を教えてやる」と言って掃除をはじめた。調理室なので最初に床に海水を流してゴミや残菜を除去するのは同じだったが、そのあとが海上自衛隊の隊員のやり方と違っていた。

床は最後に真水のモップ（ソーフ＝掃布ともいう）をきつく絞って水けを取り、隅に残っている水はモップの先を手で持って一滴の水もないようにふき取り、さらに乾いたモップで室内の床をピカピカに見えるくらいに念を入れて拭いた。調理器具の備え付けの器具から鍋、包丁までひとつひとつウエスで磨いて、最後に一言、「海軍ではこうやってた」と聞いたときは調理員一同、顔を見合わせ、声も出ないくらいだった。

もっとも、下級隊員たちがその後、毎晩、川下先任海曹から教わったように、巡検前に同じように清掃から整理整頓までやれたかどうかはわからない。

⚓海軍料理〝ほんまもん〟への舞鶴市の新たな取り組み

舞鶴と呉での海軍肉じゃががきっかけとなって、海軍料理で町興しを、という活動が活発になったのはよかったが、「そうじゃないんだがなあ」というものまで海軍料理にされたものもある。海軍史を歪《ゆが》められてはいけないと、とくにカレーを取り上げて〝正しい〟海軍糧食史の一部を書いたのが本書である。

松栄館でのロケ風景（映画『海賊とよばれた男』）

そういうときに、海軍の食文化を評価し、海軍料理の本当の姿を追求して、よいところを普及しようというチームが誕生した。

「日本遺産に認定された海軍ゆかりの旧軍港の我が町こそそれにふさわしいホントの海軍料理を……」という企画を立ち上げたのが舞鶴で、「舞鶴ほんまもんプロジェクト」が平成二十九年秋口にスタートした。私も数名の識者とともに協力の一員となり、海軍時代からの料亭兼旅館をレストランとしてリニューアルし、平成三十年十月に全面スタートしている。

〝全面〟というのは、すでに昨年来、数回にわたって部分的

松栄館72畳の大広間の能舞台

イベントを重ね、いずれも好調な結果を得ているからである。

舞鶴市浜の松栄館（一時期聚幸菴と改称）は明治三十七年の創建だから平成三十年で築一一四年になる。堅牢な木造二階建ての純日本式家屋は映画『日本でいちばん長い日』（松竹、二〇一五年）や『海賊とよばれた男』（東宝、二〇一六年）の現地ロケでも使われた。

プロジェクトでは、海軍料理書からいくつかの料理を忠実に復刻しようというのだから海軍料理の〝ほんまもん〟を目指す食文化的意義も高い。メニューには海軍料理書をもとに研究を重ねた独特のスープをはじめとするセットものや、本書のメインテーマである海軍カレーも提供する。ほかのカレーとの違いがわかるはずだ。

第五章　これからのカレー…海軍的思考と私見を交えて

⚓学校給食時代のカレー

私は昭和十四年生まれなので、食糧不足の時代に育ち、終戦の年の昭和二十年四月に国民学校一年生、疎開先の熊本の一地方で戦後のGHQやユニセフの恩恵（？）にあやかった児童である。カレーとの出合いも戦後の食糧事情のこと、ずっと遅れたように記憶している。

はじめてライスカレー（当時はそうよんでいた）を知ったのは疎開前の昭和十八年ごろの東京は中野区在住（高円寺駅の近く）のときだから四歳のときだろう。子どもの絵本で、ちゃぶ台でライスカレーを食べる丸坊主の男の子の絵を見ながら母親が説明する、口のまわりにいっぱいご飯粒や黄色いものをくっつけた笑顔をよく覚えている。これで〝ライスカレー〟の名を覚えたが、食べたのは戦後のことで昭和二十二年ごろではないかと思う。

カレー粉はあっても疎開先の熊本県の奥地にある人吉・球磨地方でも牛肉などはめったに手に入らなかったようだ。カレーは一般的に肉が必要で、当時は鶏肉カレーなどの着意や発想はなく、カレーといえば牛肉が必需食材と大人は考えていたのかもしれない。

小学三年のころ、はじめてライスカレーを親がつくってくれたようで、たぶん牛肉が手に入ったのだろう。はじめて見る黄色くてドロドロしている料理に驚きはしなかったように思う。それは前記したライスカレーを食べる子どもの絵を見ていたからかもしれない。

疎開先の熊本でときおり母親がカレーをつくることはあったが、いま思い出そうとしても、多くの人が言うように「母親のカレーがいちばんうまかった」という印象はない。料理が下手な母ではなかったが、格別カレーとの結びつきがないのは得意料理でもなかったのかもしれない。池波正太郎のように、母親が「今晩はカレーよ、と言うとワクワクした」という記憶などもまったくない。

学校給食がはじまったのは、年史では昭和二十一年十二月のガリオア・エロア資金による日本児童への施策となっているが、熊本県人吉市では一年以上遅れていたようだ。小学三年の年（昭和二十二年）の秋口だったと思うが、前日に先生が「明日はコップを持ってくるように。配給があります」とか言い、翌日、先生がきれいなバケツ（これだけは学校で新調したらしい）に入れて持ってきたのはパイナップルジュースだった。それだけ。玉杓子で一杯ずつの、はじめてのパイナップルジュースは珍しく、おいしいものだった。カレーの思い出というのも、味は覚えていなくとも「うまかった」というのがマインドコントロールで「母親のカレーがいちばんおいしかった」に結びつく情緒的味覚とでもいうのだろうか。それはそれでいいのだが。「おふくろのカレーときたら、不味いのなんのって……」よりもいい。

パイナップルジュースの数日後は脱脂粉乳。これはユニセフ（国連児童基金）の援助によるものとか先生が言っていたが、何でもいいからくれるものには感謝した。もっとも、配られたワラ半紙の上に一人大さじ二杯ずつの粉乳をもらっても生徒ではどうにもならない。紙の四隅をつまんでそっと家まで持って帰った。親は脱脂粉乳がどういうものか、自分の子に粉ミルクを与えた経験から知ってはいても、わずかな脱脂粉乳では利用法もわからない。

　隣のおばさんが「脱脂乳ならライスカレーにいるっと（入れると）よかよ（いいよ）」と話していた。このおばさんも東京からの疎開者で料理には詳しかった。土屋綾子さんという母より二つばかり年上の人で、東京でも近くに住んでいて、子どもがないせいか幼児の私をよく連れだして新宿などでご飯をご馳走してくれた。新宿なら中村屋のカリーでもリクエストすればよかったが、当時（昭和十八年ごろ）の中村屋はどうだったのかわからない。銀座の三越にはよく連れて行ってもらった。

甲板掃除用のモップはソーフ（掃布）とも称した。繊維の状態がコンビーフに似ているところから海軍ではコンビーフをソーフとも呼んだ

　あとで聞いたところでは、アメリカでは脱脂粉乳は主に家畜の飼料だということだった。

　脱脂粉乳の数ヵ月後から給食は、缶詰コンビーフを生徒の持ち寄り野菜で煮ただけの雑多煮のようなものになった。ご飯やパンはなし。雑多煮に引き割りトウモロコシや

一口メモ／コンビーフ　もともと軍用として開発された缶詰。コーンとは岩塩に由来するもので、トウモロコシとは関係ない。塩漬け肉の保存性を応用したもので、岩塩を使う（corned）ことで味覚も向上した。フランスに製造のルーツがあるらしい。巻き締め開缶に特長がある。筆者が給食を受けた当時はそれがコンビーフというものだとは説明もなかった。兵学校ではなじみの食材で、とくに戦争中は生徒食としてよく出たらしい。「また、ソーフか……」と、歓迎はされなかったという。うまいものではないが、サラダやじゃがいもと煮たりする。カレーにも合わないことはない。

マカロニが入るようになったりした。材料からもけっしてうまいはずはないが、いまでも同じものを食べてみたくなる。ノスタルジーとはそんなものだろう。昭和二十六年三月、小学校を卒業するまで、学校給食でカレーは一度もなかった。カレーが出ていれば大騒ぎ（？）し、家に帰って親にもその興奮が伝わったはずである。

三時間目に入ったころ（十時半ごろ？）給食特有のにおい（毎回同じような献立）が木造二階建ての校舎全体に回ると「給食」に気が回って授業が身に入らないくらいだった。

学校給食の歴史を書くと長くなり、学校給食法の制定（昭和二十九年）の背景など書いているときりがないので割愛してカレーの話だけにしぼる。

私の小学卒業後、給食は個々の学校や地域の栄養士会で献立を決めるようになり、ときどきカレーも入るようになったようである。熊本では、カレーが出た日、妹はそれを家で話題にしていた。給食の定番メニューになるのはずっと遅く、昭和五十七年に全国統一メニューになってからである。それでも、検討段階では、カレーは刺激が強いから子どもにはどうか、という意見もあったらしい。

ふたを開けてみると、カレーが嫌いな子どもはいないと考えてもいいようである。大人の思い過ごしは見事にはずれた。カレーが嫌いな子どもはいないと考えてもいいようである。

もっとも、終戦直後とその後の学校給食はシステムがまったく違う。私の小学校時代は学校に急きょ改造した給食場があり、燃料は薪で、当番で数人の母親が派出されて〝小使いさん〟（いまは不使用用語で、用務員と呼称）の采配のもとでコンビーフと野菜のごった煮をつくっていた。小使いさんは焼酎焼けしたような赤ら顔の元気のいい、小泉とかいうおじさんだった。球磨焼酎の本場である。いまでもその顔を思い出せる。当時の小使いさんは終礼の鐘を鳴らしたあと裏門で生徒の下校まで見送っていて、空を見上げて翌日の天気予報までしていた。いたずら生徒や遅刻生徒にはビシビシ指導する教育者でもあった。

全国の小学校で本格的給食システムが整備されるのは前述したように昭和五十七年で、それまでは各学校で給食室を持っていて給食担当の〝先生〟（栄養士）が中心となって献立づくりから現場指揮までやっていた。労務管理はどのようになっていたのかよくわからない。

私が栄養学校学生のころ（昭和三十二〜三十四年）は履修課目として「集団給食」に、工場、病院、学校での現場実習があった。私の場合、工場は旧国鉄大宮工場、病院は慈恵会医科大学給食部、学校給食の実習先は目黒区の鷹番小学校だった。祐天寺駅で乗り降りして一週間か十日通ったが、その期間中にカレーがメニューにあった記憶はない。白身魚の切り身を使った揚げ物がいい方だった。実習期間中に肉を扱った記憶はまったくない。

学校給食はその後、統一献立となり、給食センターでつくったものを配食するようになってからは料理技術も向上し、カレーは人気もあってますます学校給食の不動の地位を占めるようになった。

海軍カレーが主題なのに学校給食の歴史にふれるのは、カレーという料理は集団給食に適したメニューの筆頭で、集団給食として日本の軍隊にも昔から採用されていたということを言いたいためもある。

「学校」給食と「軍隊」給食のカレーの歴史としてもっとも古い事績に「明治六年に陸軍の学校の給食献立にカレーがあった」という記事がある。

陸軍でこのころ「学校」というのなら陸軍幼年学校ではないだろうか。

幼年学校は明治三年に横浜語学研究所が大阪兵学寮に編入され、明治四年に大阪兵学寮が改編で陸軍兵学寮・海軍兵学寮となり、翌五年に陸軍兵学寮幼年学舎が独立して陸軍幼年学校となるのでつじつまは合う。海軍のほうは海軍操練所から海軍兵学寮になるのが明治三年十一月で、海軍兵学校になるのが明治九年九月。改編等は陸軍と期を一にはしないが、似た歴史を持つ。〝陸軍の学校で明治六年に給食としてカレーが出た〟というのが事実なら、公式記録上は陸軍カレーのほうが海軍よりも先かもしれない。

いずれにしても陸海軍がカレーの普及に大きな影響をあたえていることは間違いない。

小菅桂子氏の『にっぽん洋食物語大全』にも、カレーの食文化について映画監督だった山本嘉次郎のつぎの言葉を引いている。軍隊と給食とカレーの関係をわかりやすく述べてあるので、山本監督の原文のまま転載する。

「ライスカレーが一般化したのは軍隊のおかげだという説がある。だいたい、日本の家庭のそうざいは、わりに手がかかる。たとえ一汁一菜にしろ、みそ汁をつくる。魚を焼く。それにおこうこも、ぬかみそから出して洗って刻む。湯をわかし、茶を焙じて番茶をつくる。それがライスカレーだと手間を要さない。野菜を刻み、肉とともに一緒クタに煮る。野菜が柔らかくなったら、メリケン粉とカレー粉を入れて一丁上がりである。

地方の青年が入隊して、軍隊でカレーの味と作り方をおぼえて、それを農村に持ち帰った。農繁期のときなんか、とくに便利である。ちかごろ、農村ではライスカレーが流行っている」（『日本三大洋食考』）

⚓健康食としてのカレー … 栄養的分析

食べ物は、体にいいに越したことはない。食べ方（種類、バランス、量など）にもよるが、美味しくて、健康にも良いとなれば理想的で、あとは食べ方の問題だけ。どんなに健康によくても、食べすぎや塩分とりすぎはいけない。健康食とは成分と分量のバランスから成る。

私は栄養専門学校卒業後、海上自衛隊に入隊し、一般隊員の体験をして幹部候補生学校に入ったので栄養士免許は持ってはいたものの実務経験はほとんどない。護衛艦補給長として給食管理責任者をしたくらいである。

海上幕僚監部は個人経歴をよく把握していて、私の経歴をときどき生かす配置に置いてくれた。防衛大学校教官や海幕人事課、航空部隊司令部幕僚、護衛艦隊司令部幕僚などはおよそ栄養学とは関係ない仕事が多かったが、海幕衣糧班長という栄養や食事に〝大いに関係ある〟配置に就いたとき一念発起して管理栄養士免許取得を目指して猛勉強をした。学生当時学んだことがかなり変わっていた。昭和三十年代は日本国民の脂肪摂取量が不足していて、厚生省指導では一人一日摂取目標を四十グラムとしていた。国民栄養調査では二十五グラムにも満たなかったからむりもない。いまは脂肪の摂りすぎに問題がある。コレステロール（コレステリンといった）も必要な有機化合物の範疇に置かれていた。

当時でも、一般的に刺激物はよくないと言われた。病弱体質者や子ども、妊娠中の女性などには刺激物はあまりよくないこともあるが、曖昧な言葉ではある。昔から医療関係で使う語句であり、診察や退院時に「激しい運動や刺激物はしばらく控えましょう」とアドバイスされるが具体的なことは言ってくれない。まして「カレーは刺激があるから食べないで」なんて言う医者はいない。酒やタバコは刺激物になるのだろうが、医者と患者は微妙な探り合いみたいなものがあって、患者も「タバコはどうでしょうか？」と聞けば、「いいですよー。大いに吸っても」などと医者は絶対に言わないのがわかっているから野暮な質問はしない。

カレー粉の成分（製造元、ブランドとも不明）10グラム当たりの換算値（「五訂食品成分表」より）
エネルギー 41・5kcal、たんぱく質1・3グラム、炭水化物6・3グラム、灰分0・9グラム、カルシウム17mg、鉄3mg、カロテン7μg、ビタミンB_1 0・04mg、ビタミンE 0・5mg、葉酸6μg（μgは国際単位＝わかりにくい単位ではある）、食塩相当量0・01グラム。

食べ物の刺激物とは、辛み、渋み、えぐみ、においから来るものが多い。その意味では、日本在来のニンニク、ショウガ、山椒、唐辛子、ワサビなどは代表的刺激物となる。東南アジア伝来のスパイスになると刺激物そのものである。カレーを構成するスパイス類はほとんど刺激物の見本のようなもので、あまり刺激がないのは陳皮（蜜柑の皮）くらいになる。

禅宗の寺院には「葷酒不許入山門」という訓戒の石柱が立っている。葷《くん》とはニンニクとかニラのような、体にはいいものであるが、元気が出すぎるので雲水（修行僧）には邪念を招くのか、俗人に臭いぷんぷんでお参りされては困るというのかわからない。

スパイス類はそれぞれ特殊成分があって、一つ一つ分析しても、「わかった。それがどうした?」になりそうなので、ブレンドされた「カレー粉」で五訂食品成分表から主要素を引いてみる。もともと使用量がわずかなカレー粉の栄養成分を求めるのは不自然であることを承知である。主要成分という意味なら刺激成分が特徴になるが、主要スパイスの特殊成分については「カレーの予備知識として」の項で既述したのでここでは省略する。ようするに、香辛料からは五大栄養素を中心とする成分を摂る意義よりも、刺激性のある特殊成分の利用の仕方に価値があるということである。それを先に知って、つぎの諸成分の含有量を見てもらうのがよさそうである。

胡椒もカレー粉を構成する大事なスパイスであるが、言うまでもなく大航海時代を招いた香辛料の代表が胡椒で、生肉の保存料と肉料理の調味料としてヨーロッパが必死で探し求めたのがこれだった。体に悪いはずはない。木の実なので白、黒ともにカリウム、鉄分に富む。辛子や山椒《さんしょう》に似た成分なのは同じような木の実であることからもわかる。

刺激物はいけないというのは程度の問題である。カレーよりもキムチのほうが辛いし、四川のマーボ豆腐も相当辛い。メキシコ系の料理やアメリカ南部のタバスコ（南北戦争のころニューオリンズの銀行家が考案）も辛い。ニューメキシコあたりに行くと舌が焼けつくような激辛青唐辛子もある。サンタフェのレストランで店のオニイチャンに、「It is going to die（死にそうだ）」と言ったら「No one dies yet（死んだ人はまだいない）」と言っていた。「まだいない」と言うが、第一号になりそうだった。

メキシコ系民族はタコスやトトポス（トルティーヤを切って揚げたもの）にチリソースやハバネロをたっぷりドリップして食べているが、味覚や脳感覚が麻痺しているんじゃないのか、と余計なことを考えたりする。こういうペパーのような辛さを示す単位もあるようで「スコヴィル」というらしい。十万スコヴィルというと最高限度に属するらしいが、百四十六万スコヴィルという新種のペパーが発見されたという。舐《な》めて死んだと書いてはなかった。

カレーも安心して4辛、5辛もいけそう。

日本料理が過激な香辛料に頼らなかったのも日本民族のデリケートな脳感覚があったからこそだと、ヘンなところで誇りに思ったりする。日本であまり唐辛子が流行《はや》らなかった理由もそこにあるようだ。あまりおいしくない料理でもホットな調味料でかなり誤魔化せるとも言える。京料理の山椒の葉や実の使い方を見ればわかる。韓国のこれでもかこれでもかというような唐辛子の使い方など絶対にしない。民族的品位の違いでもある。過去のことをいつまでも根に持つ国民性は唐辛子のとり過ぎからきているんじゃないかしらん、と思い過ごしとはわかりながらも食習慣と民族性まで考えたりする。

カレーには薬剤にする樹木の花蕾や皮、果実などのほか、薬草もふくまれているので本来体に悪いはずはない。古来、漢方薬として使われてきた素材が多いので化学性物質のような弊害も少ない。まれにアレルギー反応をきたす場合（大人も子供も）があるというが、その症状と食品会社の対策については後述する。

カレーの栄養的分析と構えてはみたが、前記の数値データのとおり、栄養的成分には格別な微量成分もない。香辛料なのにエネルギー量が、原材料の量にくらべて多い（百グラムで四百十五キロカロリー。精白米は百グラムで三百五十六キロカロリー）のはカレー粉を構成する各スパイス類にふくまれる脂肪によるものと考えられる。もっとも、米百グラムとカレー粉百グラムを比較するのはナンセンスで、米百グラムを飯に炊けば茶碗に軽く二杯になるが、カレー粉はせいぜい一人分二グラムくらいで、食べる量からもエネルギー比較や対象にならない。

カレー粉の三割から四割を占めるターメリック（注：製品や料理法によって混合割合は異なる。ビーフカレーにはターメリック三十八パーセントがよいという研究者データもある）は肝臓保護によいウコン（鬱金・欝金）として日本でも知られることも前記した。沖縄では昔から泡盛を呑《の》んだらウコン（根）をかじる習慣がある。アルコール（アセトアルデヒド）の解毒に効くからカレーでもいい。

カレー粉を構成するスパイスとして欠くことのできないチリペッパー（赤唐辛子）の特殊成分はカプサイシン。体内摂取するとただちに神経系統を刺激し、発汗作用とともに心悸亢進など、ようするに体内機能を活発にし、アドレナリン分泌に結びつく。眠くなるのはその後の作用である。兵学校生徒が、「カレー昼食後の午後の課業は眠くてまいった」というのは、ほどよい時間が経過したあと、エントロピーとかエンタルピーとか、退屈な科目（熱力学）を組む教務課にも責任の一端がありそうである。これは、筆者の幹部候補生学校での実経験からである。正気でもさっぱりわからなかった。

しかし、勉強には無駄というものはない。栄養学校で熱量（カロリー）を学んだ人間が、海上自衛隊で熱力学――二つのエネルギー論を習った。

あらたまって栄養とは何か……というほど学術的所論はないが、栄養とは栄養素だけでない。

栄養素は五大栄養素で代表されるが、人体を構成する物質だけではなく、健康を維持する

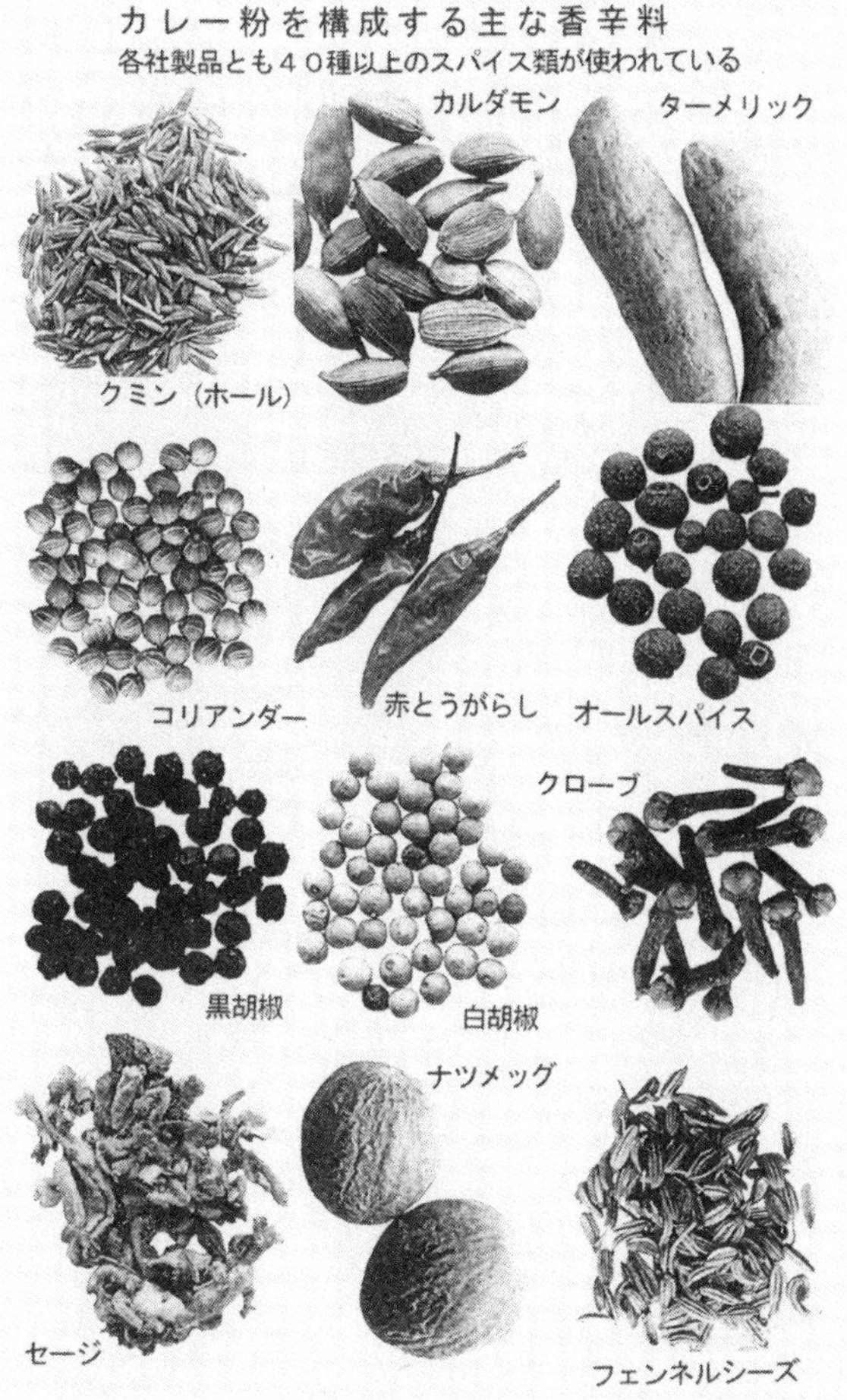
カレー粉を構成する主な香辛料
各社製品とも40種以上のスパイス類が使われている
カルダモン
ターメリック
クミン（ホール）
コリアンダー
赤とうがらし
オールスパイス
クローブ
黒胡椒
白胡椒
ナツメッグ
セージ
フェンネルシーズ

ためのほかの微要素も栄養素という考え方もできる。香辛料は、それを使用することによって料理がおいしくなり、おいしいと感じることで生活に潤いができる。

カレーもその代表料理で、しかも、連食や大量摂取でガンが発生したという明確な因果関係もいまのところないようである。老いも若きも大いに食べていいと思う。加齢者向きの「加齢カレー」とかは老人ホーム向きでいいのじゃないか……自分も老人でありながらダジャレで考えたりする。シーフードカレーの「鰈《かれい》カレー」のことは既述した。

以上が、私がカレーを健康食に位置づける私論である。

⚓カレーの素に頼りすぎるホームメイドカレー

家庭でのカレーづくりの手間をはぶこうという着意は終戦直後からあった。昭和二十年十一月に名古屋のオリエンタル食品（元・東洋食品）が「オリエンタル即席カレー」という、煎った小麦粉とカレー粉を混合した商品を出し、その後、名古屋弁のコマーシャル「ハヤシもあるでよ～」で知られるメーカーとなった。

インスタントカレールウの出現は家庭に大きな変革をもたらした。食品業界の努力である。カレーの素の考案が昭和三十年代後半に実って数社から逐次販売されたことは既述した。とくに業務用カレールウが昭和三十六年に海上自衛隊で契約糧食になったことでカレーをつくる手間がずいぶん簡単になった。後年（昭和末期）の休日二日制の余波を受けて金曜カレーという海上自衛隊の定番昼食にもなった。

「食品会社の努力が実った」と書いたが、その努力が仇《あだ》になっているところもあるのじゃないか、というのが私の長年の懸念である。

インスタントカレールウの素のパッケージを見ればわかるとおり、具が煮えたころ、ポキッとチョコレート状のかたまりを折って入れればそれで一丁上がり！　肉や野菜は炒めて煮るだけで、ルウの素には塩味も付いているからか、「炒めて塩胡椒する」とも書いてはない。「適宜味をつけてください」とも書かれてはいない。摺《す》り下ろしリンゴやニンニク、あるいは蜂蜜を入れたりする家庭もあるが、リンゴや蜂蜜まで入っている商品が多い。

ここで特定のメーカーの商品を引き合いにするのは憚《はばか》れるが、カレー粉製造業として社歴の長い某社のインスタントカレールウの素の表示を見てみる。ほかのメーカー品も似たり寄ったりである。どこにも「インスタント」とか「即席」とか「カレールウの素」とかは書いてない（箱の側面にごくちイ～さく「一皿分〈ルウ十八グラム〉」と一ヵ所あるだけ）が、カレーの素と表示しなくても、いままでは箱を見ただけでだれでもわかっているからだろう。老人ホームで開けてチョコレートと間違えたという話も聞いたことはない。

ブランド名「○○○○カレー」（○の数は固有名詞との関連はない）では二分の一箱が五～六皿分となっていて、重量にすると九十九グラムである。

肉や野菜を炒めるとき塩コショウくらいは家でやってもよさそうであるが、「塩コショウ、ほかの調味料を使って味をつけてください」とは、ほかのメーカー品にも書いてない。

つまり、インスタントカレールウ（の素）を使うときは自分で味をつける手間さえもメーカーの親切心（?）でカットされているということである。勝手に塩を加えたりすると塩味が効きすぎたカレーになってしまう。材料が同じならだれがつくっても出来上がりは同じ。「よし、晩ご飯のカレー、頑張るわヨー」と腕まくりしたり、「うちのカレーはおいしいでしょ?」と自慢も出来ないとなると、どこの家庭も「お母さんの味」に偏差値がないということになる。インスタントカレールウは主婦の張り切り料理ではなく、「時間がないからカレーでもしようかしら」の部類になったようだ。既成のルウでも、ガラムマサラを茶さじ半杯とか、乾煎りしたクミンシードをパラリと追加しただけで〝私のカレー〟になり、〝隠し味〟になるのだが……。日本で江戸時代に考案された七味唐辛子も優れたブレンドスパイスで、西洋ものにない特長がある。

最近はインスタントカレーの素として、チョコレートタイプではなく顆粒状や粉末状態にした製品もある。著名なメーカーの製品なので書いてあるとおりに使えば味もよいルウができる。しかし、これらもすでに塩味が先につけてある。ようするに、「具だけ入れれば簡単にできます」というのが商品の売りモノだから、だれがつくっても一辺倒になってしまう。うまいのはうまいが、やはり消費者側に少しの手間と工夫があれば、もっと個性を出せるのになぁと思う。

現代はブイヨンを四時間以上かけて取るようなことはできない。二〇一七年十月に横浜からの賓客（橋田篤廣氏夫妻）を迎えるにあたって、「海軍式カレーを……」とスパイス類調合だけのカレーセットを八皿分、前日に準備した。ブイヨンを取るのに三時間半、やや遅れて同時並行で名シェフのサリー・ワイル方式で玉ねぎを飴色になるまで炒めるのに三十分、小麦粉を空煎りするのに二十五分、ブイヨンを少しずつ加えてルウをつくるのに十五分、徐々に味をつけるのにつきっきりで、「これでよし!」とするまで時間計測したら四時間近くかかっていた。人さまを迎える料理に時間をかける楽しさと、うまくできたという満足感が横溢《おういつ》した。先般来、呉でのイベントをふくめ四回オーソドックスな作り方をしたのでかなりそのコツは修得できた。

しかし、家庭の主婦は毎日の食事づくりでそんなことはとてもやってはおれない。インスタントカレーの素は調味料の域を超えて、まさしく主婦への労働時間短縮の福祉材となってしまった。

メーカーが悪いような書き方をしたが、インスタントカレールウの素のメーカーは各社ともそれぞれたいへんな試行錯誤を重ねながら今日に至っている。『日本近代食文化年表』(雄山閣)にも社名を上げながら即席カレーの開発史が上げてあるので、ここでは社名やブランド名をはっきり書いても問題ないと思われるので具体的に記す。

インスタント食品は、戦後の食糧、物資不足のときに出現したものが多いが、一つ一つが話題になった。

あの〝ピーヒャララ〟デザインの「日清チキンラーメン」が誕生したのが昭和三十三年八月である。お湯をかけるだけで油で揚げた麺がブヨブヨになって一応ラーメン状になる。こ

一口メモ　川島四郎　明治二十八年生まれ。陸軍経理学校卒業後、東大農学部で食糧学、栄養学を学んだ陸軍主計少将。陸軍軍人として食糧政策や研究に顕著な功績を遺した。陸軍にも栄養学や食品学の研究に尽くした人材がいたことを紹介する。筆者は学生時代に佐伯矩博士の授業で川島四郎陸軍主計少将の名を知った。
　ただし、この授業では佐伯校主は、門下生である川島氏のある種の実験結果を手厳しく批判していたので覚えがある。「ある種の考え方」とは長くなるのでここでは省略するが、実験動物（ネズミ）に関するデータのことだった。

のアルファ化澱粉の利用は戦争中から日本の陸海軍でもかなり研究されていた。海軍ではすでに成功していたが終戦で開発は中途で終わったという話や、いや陸軍でも同じ研究をしていたと元陸軍主計少将川島四郎（栄養学専門の博士）の著書で読んだ記憶がある。
　余談ながら、川島四郎元桜美林大学名誉教授とサトウサンペイ氏のやりとりで成る『食べ物さんありがとう』（朝日文庫、昭和六十一年）にカレーの効用を語るページがある。

サンペイ　カレーを構成するそれぞれの香辛料は、どんな働きをしているのですか。
川島博士　カレー成分の代表のウコンは着色料です。カレーといえば黄色——あれがウコンの色です。

サンペイ　ウンコではなくウコンですか（笑い）。

川島博士　ウコンは、昔から、悪を寄せ付けないものと考えられてきたんです。

サンペイ　どういうことですか。

川島博士　「ビルマの竪琴」という映画に出てくるビルマの坊さんはみな黄色い衣を着ているでしょ。あの黄色はウコンで染めてあるんです。

サンペイ　へェ〜。

川島博士　殺菌作用や防腐作用がありますし、虫を寄せ付けないんです。昔は反物ができあがったらウコンで染めた木綿で包んで保存しました。生まれたばかりの赤ちゃんには、まずウコン木綿でくるんだものです。カレーには、食欲増進や消化吸収を高める作用があります。陸軍でも大いに食べられていました。

サンペイ　腸内には、善玉と悪玉の細菌がいるとのことですが、悪玉はカレーが入ってくると〝カライッ〟と言って逃げるんでしょうかね（笑い）。

カレールウの素の開発がいかに業界の苦心の産物であるかはあまり知られていない。エスビーカレーがモナカカレーを発売し、爆発的に売れたのが昭和三十四年。包装材の隙間から虫が侵入するという問題が生じて市場から撤退した話は先にふれた。

翌三十五年に「グリコワンタッチカレー」というチョコレート型のルウが発売される。これが現在多くの家庭用カレールウの原形になった。このころからメーカーがしのぎを削る即席カレーの開発競争になる。

昭和三十八年には「ハウスバーモントカレー」が大ヒット、三十九年にエスビー食品が「ベストカレー」で〝インド人もびっくり！〟。高度成長期で働く者は忙しく、主婦は反対に、とは言わないが、主婦にも余暇の善用を、の社会風潮もあって家庭料理にかける手間を省力化できる環境になった。カレーの素は社会の変化に大きく貢献したということになる。

カレーの開発は大手メーカーでわかるように大阪が多い（ハウス、江崎グリコ、大塚食品等）のは、関西と関東の食習慣の違いからきた「必要は発明の母」なのだともいう。

東京では朝、夕に飯を炊くが、大阪では朝三食分を炊いておいて、昼夜は適当なおかずで食べるという商人の生活習慣が、温めるだけでいいカレーの開発となり、時代が下って即席カレールウの出現となったというのである。一理ありそうである。

電子レンジは第二次大戦中の軍用マイクロ波の応用で研究され、戦争中からアメリカで試作品もあったが、戦後日本でも開発に向けて研究され、昭和四十年に、これも大阪（松下電器）で発売されている。食生活改善の歴史からも大阪は〝食いだおれ〟だけではないことがわかる。

⚓カレーの素（カレールウ）の減塩を

ここで書くことは私見であるが、業界にも考えてもらいたい問題である。

インスタントカレールウは家庭にとって何よりの福音をもたらしたことは前述した。

何の手間がかからないということは工夫も要らないことにも通じる。じゃがいも、にんじん、玉ねぎは明治三十八年以来の三種の神器。牛肉にするか、豚にするか。それが決まれば、もう、できたも同然。家庭では鶏はあまり使わない。ましてシーフードカレーやベジタブルカレーとなるとよほどのアイデアのある主婦（一般的に）か栄養士資格を持つ主婦でないとつくらない。

肉や野菜はだいたい先に炒めることが多く、そのときにあるていど塩胡椒する。塩分量はあまり考えない習慣的な二つまみとかティースプーン軽く一杯とか……。

それを見越してカレーの素には塩分を少なくしてあるとメーカーが言うのならそれでいいが、出来上がりは「塩が多いんじゃないか」と以前から思っていた。家族にはそれを言ってもきたが、馬耳東風。ようするに、肉と野菜は塩胡椒で炒めるのが料理の基本だと思っているようだ。よその家はどうなっているんだろうかと疑問を抱いていて二、三聞いたところでは同じようだった。

二〇一二年五月に世界初の「減塩サミットin呉」という一般市民も加わってのイベントが呉（大和ミュージアム／呉阪急ホテル）で二日にわたって行なわれた。主宰者・座長は呉市の内科医院の日下美穂病院長。私の経歴を知って減塩サミットの一部に参加するように要請された。

日下病院長は海軍と深い縁のある人で、外祖父に海軍兵学校五十一期の沖原秀也中佐がいて、戦艦陸奥の爆沈当時は陸奥航海長だった。爆沈のときは辛うじて難を逃れたが、負傷がもとで病死した。日下院長は海軍のことを知ってか知らずか、昔の海軍記念日（日本海海戦のあった明治二十七年五月二十七日）にイベントを開催するとは立派なものだと感じて私もその依頼に応えた。イギリスから減塩の世界的権威者グラハム・マクレーガー博士もそのために来日するという。

塩分（食塩）は料理の調味になくてはならない物質であるが、食塩（Nacl）を構成するナトリウムには血圧を高める働きがある。そのため塩分をとりすぎると高血圧による各種成人病を招くことになる。食塩をまったく使わないアフリカのある民族には高血圧症が見られないという。必要以上の塩分摂取を止めようという警告のサミットだった。

マクレーガー教授は自分でもときどき料理をするが、キッチンには食塩は置かないそうだ。ずいぶん味気ない料理だろうなあと思うが、慣れるとそれがおいしく感じるようになるのだという。日本ではどのホテルの料理も塩からくて食べられないとも言っていた。パネルディスカッションの休憩時間に、ちょうど手洗いから出てきた博士に話しかけて、「このへん（呉）にはクラシックタイプでつくる海水塩もあります。ミネラルもふくんでいていい塩です」と蒲刈産物の藻塩のことも話した。博士は、「まったく塩分をとらない食事は味気ないが、できるだけ少なく摂取する運動をしている。呉に来てよかった」と笑いながら答えてくれた。

塩をまったく使わない料理はうまいとは考えられないが、昔から「塩の効用」「塩梅（按配）」という言葉がある。すこし使うことでいいアンバイの料理ができる。ビーフステーキは塩コショウがないと神戸牛でも松坂牛でも米沢牛でも美味しくはない。あまり精製しない海水塩はミネラルがあるからか生レタスに一振りしただけで味が変わる。バリ島の塩など、入浜式でつくった塩、ソルトレークの古代塩はとくにいい。新米に塩むすび――これだけでご飯がうまい。自分で米をつくっているからそう言える。

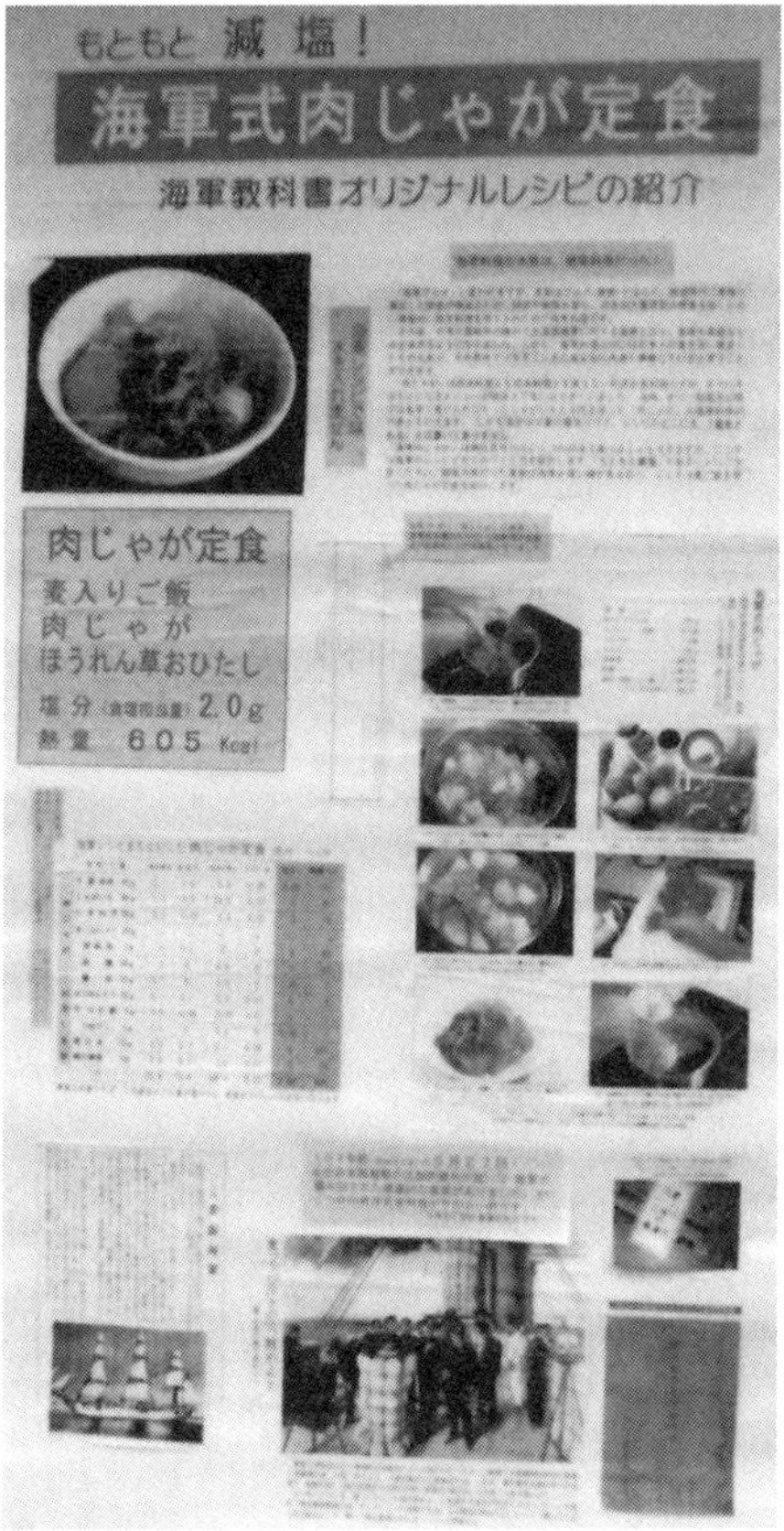

減塩サミットで展示した筆者作のポスター

日本人は、昔は一人一日平均二十グラム以上の塩分をとっていたが、冷蔵庫の普及やヘルシー志向で塩からい漬物や味噌など保存性食品の塩分を抑えるようになった。実際に東北地方の平均寿命が延びたのはガッコ（漬物）の塩分控え目による効果だともいう。

日下病院長から事前に、私には「海軍料理らしいもので塩分二グラム、六百キロカロリーで大きなポスターを作成してほしい」と、数値を限定したメニューづくりの要望だった。

海軍料理というならカレーか肉じゃがで、と、まず料理し慣れた肉じゃがの海軍レシピにほうれん草のお浸しを付けた麦入りご飯のセット定食をつくり、栄養計算をしてみるとナント！　何の調整もしないナマ数値が、塩分二グラム、熱量六百五キロカロリーと出た。海軍では「塩は安い」といって塩を入れすぎる料理を嫌っていたが、肉じゃがは模範的減塩型健康料理でもあることを確認した。

味が濃い（塩分が多い）料理を食べつけるとそれが普通になり、高血圧症を招く。マクレガー博士は、子どものときから減塩食に慣れること、それは料理をつくったり食べさせる大人の責任であると強調していた。

織田信長の逸話にこんなエピソードがある。

天正二年ごろ、前年に討った三好義継の家中の坪内某という腕の立つ包丁人のうわさを聞いてつくらせた料理が不満で手打ちになりそうになったが、「もう一度チャンスを」と命乞いし、塩気の濃い料理を出したら、今度はうまそうに食べた。それを見た坪内は、信長はしょせん田舎者だと陰で笑ったという。この話の出典は『常山紀談』らしいが、ありそうなこ

一口メモ／織田信長は辛口好みの短命型　食習慣がすべてを支配するわけではないが、塩辛い料理を好み、早食いは高血圧を招き、攻撃的で自制が効かない性格をつくるという。

その代表が信長で、本能寺の変がなかったとして四十九歳のあとも生きたとしても心筋梗塞で死んだろうと食文化研究家・永山久夫氏は、アメリカの循環器内科医のローゼンマンとフリードマンという二人の学術所見から考察（『戦国武将の食生活』ジャパンポスト出版部刊）している。

織田信長
これが南蛮渡りの
カレイ…デアルカ
もっと辛うせい
もっと辛う
明智光秀を「ハゲ！」
木下藤吉郎を「サル」を呼んだ
「このハゲ～」と人を侮蔑する
と必ず天罰が下る。心すべし。

とである。

どのくらいの塩分が辛いと感じるのかは主観に基づくので言いにくいが、塩分測定器の数値でいえば、常人なら二パーセントあたりがその境い目になる。海水の塩分が三・四パーセント（海域による差はある）で、海水は辛いと感じるのが普通である。もっとも海水には塩化ナトリウムのほか、塩化マグネシウム、硫酸マグネシウム、塩化カリウム、硫酸カリウムなどが入っており、普通の食塩とは組成が違うので海水の味を基準にはできないが。吸い物の塩分もダシのうまみ成分との複合なので数値ではだしにくい。

日本高血圧学会では塩分摂取量一日一人当たり七グラムを提唱している。実際この塩分では料理の味付けはほとんどできない。味噌汁の味噌二十五グラムにすでに二グラム前後、食パン二枚には一・五グラムもあるから、それを考えて料理を減塩したら味気ないものになる。

カレールウの塩分量表示は「一皿分二・〇グラム」とか「二・六グラム」となっているが、出来上がりでの味覚は「鹹《から》すぎるんじゃないか」と感じるものが多い。体温計を大きくしたような塩分測定器は味噌汁やコンソメスープのような液体は測れるが、カレーのような粘度のあるものは明示されない。計量した水にルウを溶かし出して測るほかない。出来上がりのカレーが鹹いかどうかは舌で訓練するのがよい。やはり、インスタントカレールウでは製造に初めから塩分量を少なくし、足りないところをつくる側で調味する愉しさに変えてもらうのがよい。

なぜ既製品のインスタントカレー（の素）を使うと塩味が強いと感じるのか、私にはわかる気がする。

それは、メーカーのせいではなく、消費者側にあるという見方である。前述したが、大事な、とくにカレーとは関係しやすい話なので、もう一度ふれる。

料理の基本というよりも、一種の習慣として、野菜や肉を炒めるときには「塩コショウする」のが常識だと思っている人が多いのではないかということに尽きる。

カレーでは一般に肉や野菜（玉ねぎなど）を使う。そのまま鍋に入れることはなく、だいたい先に炒める。このときにこれから使うカレーの素にふくまれている塩分量などは見ないで塩コショウする。そうなると、メーカーのルウと自前の塩気が重なってしまう。だから塩

一口メモ／塩分摂取量 生活習慣病の予防の見地からの減塩運動は国際的に盛んになりつつある。しかし、「日本人の塩分摂取量は現在も世界一で一日十一グラム以上。長寿国だが寝たきりや介護を要する高齢者が多い」（高血圧学会資料から）

分が多くなるという理屈である。

我が家では、食べものの塩分量をパッケージで確認したり『食品成分表』を取り出して見るような科学的着意がない。私はそういうことにはうるさいが、注意（警告）してもどこ吹く風……繰り返すが、馬耳東風とはよく言ったものである。馬の耳に念仏、犬に論語、兎に祭文とも言うが、相手が人間なだけに始末が悪い。しかし、一般的に家庭料理は似たようなものかもしれない。

それを見越して、食品メーカーのほうで「塩分相当量」を抑え、「塩加減はかならずご家庭でやりましょう」と書いてくれると、高血圧学会等がとなえる塩分摂取量目標七グラムに少しは近づけられるかもしれない。

その点では、現在の海自カレーは、ルウの素は業務用を使用するが、それをもとに各艦の給養員長（海軍時代の烹炊員長）による〝秘伝〟の隠し味を付けたり、乗組員のアンケートを反映する研究をして自慢と伝統のカレーをつくっている。スープだしもしっかりと取っているフネも多い。この研究心、家庭でも大いに見習うべしと言いたい。

余談と承知しながら、宮中料理にも関心があるので、昭和天皇はカレーを食べられたことがあるのだろうか、と以前から思っていたことを書く。

昭和天皇は戦前戦後の困難な生活も体験されたので、食されたものには私には興味がある。陛下のメニューについては杉森久英の宮内庁大膳職司厨長だった秋山徳蔵をモデルにした小説『天皇の料理番』（読売新聞社）や秋山の弟子・谷部金次郎氏の『昭和天皇の料理番』（講談社＋α新書）が手がかりになるが、どちらにも昭和天皇がカレーライスを食べられた話はない。

とくに谷部氏の書は具体的な献立の記録があり、天皇の嗜好にもふれてある。鰻の茶漬けや焼き芋がお好きだったとか……。焼き芋といっても庶民が丸ごと熱々で食べるようなことは出来ず、何かの記事で、「一度焼き芋を皮ごと食べたかった」と言われたとあった。

谷部氏の本には、

「聖上（おかみ）はおきゅうとのような自然食品を好まれた。また、淡白な芋類などもお好きでいらしたが、全体に味付けのお好みは薄味で、刺激の強いものは避けられた。寿司にそえるワサビも、うどんやそばの薬味も最小限に抑えられていた。唐辛子や芥子、強い酸味などはほとんど召し上がることがなかったと記憶する」

「だしをしっかりとって、新鮮な食材を調理すると、どのような料理も薄い塩味で充分においしくいただけるので、きつい味付けや香辛料を使う必要はなく、むしろ薄味にしてこそ素材のうまさが引き立つ」

「聖上はアルコール類も一切お口にされませんでした。料理では、日本酒、味醂を大事な調味料としてよく使いますが、かならず煮切り、アルコール分を完全に飛ばしていました。聖上は生涯、お酒というものをお口にされなかったのではないかと思います」

アルコールのことは余分であるが、『昭和天皇の料理番』から引用した。昭和天皇の嗜好がわかるような気がするが、そうなると、陛下はまったくカレーの味をご存じなかったのかな、とよくよく谷部氏の本を見ていたら、一ヵ所だけ、昭和五十九年二月十五日の献立記録に、「朝食 オートミール、ナスの酪焼カレー風味、サラダ：トマト・レタス」（傍点筆者）とあるのを発見した。酪焼とはバター炒めのことだろう。そうすると、昭和天皇はカレー粉の味はお嫌いではなかった……でも、カレーライスまでは大膳職も思い切って出せなかった……そういうことかなあ、と残念に思っていた。

ところが、目からウロコといえばオーバーになるが、そのくらい知ってびっくりした。

二〇一七年十二月五日夜、なにげなくテレビを点けたら『林修の今でしょ！』とかいう番組で「皇室の疑問を解決する」という特集をやっていて、ちょうど谷部金次郎氏が、「昭和天皇はカレーライスもお好きでした」と、ひと言だったが証言していた。

前述したことをくつがえすことになるが、安心した。昭和天皇はカレーがご好物だったとはうれしい話である。カレーが健康に悪いはずはないという考えにつながった。

⚓ひと工夫でさらに広まるカレー料理――連合艦隊の工夫の数々

「もうグルメをやってる場合じゃない」

海軍も、時局を顧みて戦時を想定した実質的な海軍食を考えたのが昭和十四年だった。遅きに失したが、それまで「もっとうまいものをつくれ」とプレッシャーをかけられつづけてきた海軍主計科士官の堪忍袋の緒が切れた。

海軍主計科士官のことはこれまで数ヵ所で述べたが、なにぶん兵科サイド（軍隊の表に立つ側）の要求は優先する。軍縮のあおりを受けた昭和初期に、兵科側の「フネは小さくていいから装備を高めろ」という要求で後方側（技術部門）が無理を承知で重武装を重ねた。そのトップヘビーが原因で猛訓練中に駆逐艦の首がちぎれたり、復元性を失い横転したり（友鶴事件＝昭和九年三月）、翌年には多数の軍艦が波浪のために駆逐艦の艦首が吹っ飛んだり、艦橋が倒壊したり、空母甲板が圧壊したりの大事故（第四艦隊事件＝昭和十年九月）も原因は無理な要求に応じたためだった。

兵食もこのままではいけない、と断固としてその対策に取り組んだ主計科士官の代表者が横尾石夫という主計大佐だった。経理学校二期（大正二年十二月卒業）なので当時の主計科士官ではリーダー的立場にある。この人が連合艦隊司令部主計長だったからよかった。佐賀出身で、名前からして堅ブツ（？）。総じて佐賀県人は佐賀モンといって曲がったことやいい加減な妥協はしないと言われた。鍋島藩の伝統気質とも言い、その手本が幕末の殿様鍋島閑叟公である。そのエピソードも紹介したいが、本題のカレーと離れてしまうので割愛する。肥前は、あの「葉隠《はがくれ》」といえばわかる人も多いだろう。

横尾主計大佐は海軍の贅沢を糾し、戦時に備えた質実な兵食づくりのための研究報告書をつくって連合艦隊に配布した。

伊勢海老カレー（?）。まさか殻のままとは思えないが、作り方の詳細は不明

海軍の〝ゼイタク〟な食事は奢侈《しゃし》に溺れたというよりも探究心の結果行きついたものでもあると私は思っているが、たとえば、昭和七年に海軍経理学校が発行した「海軍研究調理献立集」のカレーに「伊勢海老カレーライス」というのもある。「浅利のカレーライス」という、シーフードカレーの一種と考えれば研究考案の部類だろうが、伊勢海老カレーには「士官用」と書いてあるから、やっぱりちょっとゼイタクな気もする。こうなると高級レストラン並みである。

（注：イセエビカレーは大正七年の海軍教科書から採用）

そういう贅沢な食材を見直そうということで、〝葉隠〟主計長が中核になって採用したカレー料理が、シーフードはシーフードでも、安価な魚肉缶詰を使ったカレーライスやカレー粉をつかった数々のメニューである。長くなるので簡単に記す。

（注：【　】内は見所《けんしょ》〈特色の意〉で、艦艇内で実食した反応などが記してある）

・**鱈《たら》の印度風煮込み**（駆逐艦追風）／カレー粉を使うと「印度風」と命名することが多かった。空揚げした鱈の切り身に、大根、人参、玉ねぎ、タケノコを具にしたカレー汁をかける。

・**野菜のかき揚げ**（給糧艦間宮）／人参、牛蒡、玉ねぎ、大根、大豆を野菜として、カレー粉入り小麦粉の衣で揚げる。

【四季を問わず適し栄養十分にして兵員の嗜好に適す】

・**ウェール・スモールカツレツ**（戦艦長門）／ウェールとはホエール（鯨のこと）。当時はクジラは重要なたんぱく源で、捕鯨も盛んだった。牛肉に比べ臭みがあるのが難点で、カレー粉を衣に加えた、いまではけっこう上級食材である。

【兵員は揚げ物料理を好むものにして、嗜好と栄養に富み、食残量皆無なりき】

・**鯨肉カツレツ**（戦艦霧島）／戦艦長門のウェール・カツとほぼ同じであるが、長門式はクジラ肉は小さめに切るが、霧島は大きいままやや薄く切ってカレー粉の味を引き立たせるところと胡麻油で揚げるのが違うようだ。鯨肉の消費に調理関係者は真剣だった。

【本献立は本艦の得意料理にして好評嘖々、初期の効果を収めたり】

【鯨肉は固い部分がなく牛肉よりもカツレツに適す。兵員の大部分は鯨肉なることに気付かず、鯨肉の兵食献立として最上なりとの絶賛あり】

・**イワシのカレー味天婦羅**（駆逐艦涼風）／鰯は頭と骨を取り、小麦粉にカレー粉を入れて衣となし、天婦羅とする。もみじおろしとトマトを添える。

【栄養・嗜好共に完全なるものにして兵食献立の標準的なるものと認む】

・**甲イカのカレー粉まぶし天婦羅**（二十四駆逐隊）／短冊切りにした甲イカをうす味を付けたカレー粉入り衣で揚げ、冷凍春菊を煮戻した胡麻和えを添える。

【兵食調理として最適なり】

右に挙げたのは研究調理の一部であるが、昭和十四年という時代背景、とくに国内食糧事情、当時は捕獲量が大きかった鯨肉の応用、調味料としてのカレー粉の利用など、戦局（日中戦争など）が混乱し、近く対米英戦は不可避という不安な国際情勢を反映させた戦時用献立が多い。随所に「兵食に適す」とか「栄養価高し」、「嗜好に富む」とあるところに艦隊司令部の苦心がある。そのへんのことはガソリンとともに食糧対策については陸軍よりも海軍のほうがよくわかっていたと思う。二年前、山本五十六でさえ、ガソリンを水に変えるというペテン師の詐欺にかかった話があるくらい海軍はガソリンが欲しかった。食糧も同じ。「フネは重油で動く、兵はうまい飯食ってこそ働く」と言った戦艦大和の丸野烹炊員の言葉（小説『男たちの大和』）のとおりである。

連合艦隊司令長官は着任（八月三十一日）した山本五十六中将（兼ねて第一艦隊司令長官。翌十五年十一月十五日大将に昇進）に艦隊主計長は、「これこれこれで、こうします」とその改善策を報告した。兵食の見直しや工夫も大きな戦力になる。長官決済は急務だった。

一口メモ／ガソリン詐欺事件　昭和十二年ごろの話。自称「科学者」の本多雅富という男が海軍航空本部に来て、「それほど海軍さんはガソリンが欲しいのなら、私が水をガソリンに変えてみせます」と売り込んだ。大西瀧治郎教育課長が話に乗せられて山本海軍次官ほか約三十名が地下室で実験に立ち会った。男は「成功です！」と言ったが、容器をすり替えただけで、詐欺として警察に引き渡された。

「化学に弱い海軍」と当時ニュースになった。H2OをCの連鎖する炭化水素に変えること自体が無理だが、それくらい海軍は石油が欲しかった。

ガソリン詐欺で苦い経験のある山本も信頼できる部下の研究結果には疑問を抱かなかった。多分、山本長官は、あの人柄から、「ホホウ……なかなかいいではないか。兵食として嗜好に合うのなら問題ない。あとは君に任せる。たのむぞ」と言い、「横尾が決めたことなら……」と主計畑士官として全幅信頼を寄せる横尾大佐の案件にサインをしたのだと思う。

それが『第一艦隊献立調理特別努力調理週間献立集』で、発行は「昭和十四年十月・第一艦隊司令部」（注：第一艦隊は、兼ねて連合艦隊）となっている。

この献立集は、調理と戦時兵食という内容的格付けから発行責任者は「第一艦隊主計長海軍大佐横尾石夫」となっているが、その背景に、あの山本五十六司令長官ほか参謀長宇垣纏等名だたるスタッフや艦長たちがいたことも想像をふくらませる。

ますます脱線したことを書いたようにみえるかもしれないが、そうではない。この部隊研究調理献立の中にかなりカレー粉を使ったアイデア料理があるので、それを言いたいがために背景を述べた。

読者には、そういう目で前掲のカレー料理をみてもらうとカレー粉はカレーライス用だけではないこともわかってもらえるだろう。

第六章　〝海自カレー〟の歴史

⚓海上自衛隊草創期の部隊給食

数年前までは「海軍カレー」というのが話題になり、商品化されたものも多い。それが海軍にルーツがあった肉じゃがの影響だったことは前述した。

海軍カレーはその柳の下の泥鰌《どじょう》をねらったものだったことは明白である。根拠がないままつくられた「海軍カレー」だったが、いまだに健在のものもあり、いまにいたっては放置しておくほかない。

それとやや遅れたが海上自衛隊のカレーが注目され、いまでは大きな人気を集めるようになった。護衛艦や陸上基地（航空部隊等）のイベントに合わせて一般市民にも食べてもらう企画が広報効果になったと考えられる。

「海自カレー」はカレールウの素が営業用として販売されるようになった時期（昭和三十年代末期）を経て昭和五十年代から徐々に知られるようになった。自衛隊あるいは海上自衛隊を理解してもらうための広報活動がさかんになった時期と符合する。

カレーはルウの素のおかげで、手間がかからず一度に大量につくれるので、広報活動向きでもある。フネごとの特徴もあり、いまではその人気にあやかって呉では「大和のふるさと呉」グルメキャンペーン実行委員会の提唱による「呉海自カレーシールラリー」にまで発展していることも前記のとおりである。

しかし……とあらたまるほどではないが、海上自衛隊の草分け時代の部隊給食も試行錯誤の連続だった。さいわい海軍時代の主計科関係隊員が幹部、海曹に多く、海軍時代に事務官や書記として海軍に奉公していた人材が推進力になった。

海軍出身の幹部、海曹については第四章の「海軍ではこうしてカレーをつくっていた」で、主計長だったといってもごくわずかの人しか食事管理のことは知らず、下士官・兵だった人たちは〝めしたき〟の体験を知っていてもあまり話したがらなかったことを書いた。

事務官には生き字引のような人がいて、覚えていることを冷静な立場で話してくれた。その代表者が鈴木惣兵衛という防衛庁事務官だった。海上幕僚監部で総務課や衛生部で長く勤務していて、海軍時代のことを訊けば、何でも即答で教えてくれた。不確かなことは後日かならず調べて回答してくれた。海軍には十五、六歳のとき海軍省の〝ボーイ〟（給仕）として入ったと言っていたが、勉強家だったのだろう。文筆にも優れ、軽妙な文章には私も啓発された。

自分では海軍のメシを食ってきた、と言っていたが事務官なのでいわゆる海軍食を食べたわけではないが、昭和六十年ごろ、私は海幕衣糧班長で、必要あって海幕衛生班長の惣兵衛

海上自衛隊創設期に米国から貸与されたフリゲート艦

氏に海上自衛隊の前身である海上保安庁時代の給食制度について尋ねたことがある。

「メシの問題は、はやい話が、海軍時代に倣《なら》おう、ということだった。倣おうといっても食材が昭和二十七年では戦前とすっかり変わっているので、そっくりというわけにはいかない。でも、海軍時代の献立など思い出したり、資料をずいぶん調べましたよ」

この人、書生上がりというには失礼なくらい勉強家で博学。資料も草加の自宅に沢山持っているらしく、翌日には資料を持ってきて見せてくれた。こういう几帳面な性格は海軍で育てられたと自分で言っていた。もともと機転が利く人柄で、ボーイ時代には可愛がられたことが想像できる。

以下は、生前の鈴木惣兵衛氏から聞いた話を交えての私の構文である。

海上警備隊が発足したのが昭和二十七年四月。月末にはＧＨＱも撤退した。六月にはアメリカからフリゲート艦（ＰＦ）や上陸支援艇（ＬＳＳＬ）が多数貸与された。フネを貸すから使えと言われて、困った。調理室にはパン焼器はあるが、メシを炊く釜はない。

帝国海軍では蒸気式やバーナー式あるいは潜水艦のような電気式の炊飯器があったが、アメリカ海軍は米の飯や魚の煮付けなどはつくって食べるようなことがない。おでんも無理。具たっぷりのカレーもつくれない。いままで見たことのないアイスクリームフリーザーがあって、これを動かせば簡単にアイスクリームが出来ることはわかったが、原料の牛乳、生クリーム、砂糖、バニラエッセンスなどはないから宝の持ち腐れだった。

蒸気式のスープ釜は装備されていた。味噌汁くらいはできそうだが、ことごとく食事スタイルが違うから烹炊員泣かせだった。仕方ないので、というよりもほかに手がなく、縦長のスープ釜で飯を炊いた。

ＰＦは蒸気機関なので烹炊所（調理室）にも蒸気が来る。旧海軍時代の習慣のように、最下級の主計兵が付け届け用の砂糖などを持って機関室へ行き、「蒸気をおねがいしまーす」と送気をお願いに行かないと機関科員がバルブを開いてくれないころとは時代が変わってはいたが、和洋折衷料理を考える海上警備隊員（のちの海自隊員）も苦労した。

アメリカ人は天婦羅もつくらない。フライはできるがテンプラのほうが技術的にむずかしい。合理的な米軍のやり方とはいろいろなところで勝手が違った。

しかし、米は高圧蒸気のスープ釜で炊くとじつにうまい飯ができた。ただ、炊き上がったあとの飯の取り出しに難儀した。

スープならケトルの最下部についているコックをひねればスープが出てくるので取り分け用食缶（バッカンと称した）に小分けして食堂で配食できるが、飯を炊くとどうしても取り出し用コック付近のパイプにかなりのご飯が詰まる。パイプは曲がっているので棒でつつい

一口メモ／人造米 戦後の米不足を補うために開発され、政府の人造米育成要綱（昭和二十八年十月）に基づいて食品メーカーに製造を奨励した小麦粉、トウモロコシでんぷんなどを原料にゲル状に練って米粒の形状に圧縮成型した代用米。
見かけは米にそっくりだが、国民に「ウドンのほうがまし」とそっぽを向かれた。三十年代前半に国民への頒布は中止された。

人造米の例（戦後資料）

てもきれいにとれない。水を入れてしばらく柔らかくしてから蛇口のほうから棒ブラシを突っ込んで掃除する手間が要った。

スープ釜で炊く米はうまいと書いたが、それは三十年代半ば以降のことで、自衛隊発足当時は人造米を併せて食べなければならなかった。国民への頒布が中止された後も、いつ米不足が再来するかわからないという政府方針で製造や改良がつづけられていた。政府買い取りの人造米は消費先がないから刑務所や自衛隊に回された。

鈴木惣兵衛氏は、「ボクは事務官だから人造米は食べなかったが、制服組は〝これじゃ刑務所と一緒だ〟とぼやいてましたよ」と言っていた。

米国の貸与艦艇内で人造米を炊いていた時期があることは間違いない。カレーがつくれたとしても人造米ではうまくはない。

一口メモ／最下級隊員の給料日額　昭和三十二年五月の資料では、二等陸士、二等海士、二等空士の入隊時の給与は日額二百五円だった。これが俸給として本人が受け取る金額で、手当加算をふくめ、月額にすると、六千八百円前後だった。食事代や被服費、隊舎での生活のための光熱水量にかかわる経費は国費で賄われた。全部をふくめて給与という。

献立は米国製の調理機器に合わさざるを得ない。刺身や和え物は簡単だが、毎日刺身というわけにもいかない。「炒めものが多かった」という証言があるのは、とにかくカロリーのあるものを、というので電気ヒーターでやたらに（？）炒めていたのかもしれない。オーブンもあるが、蒸し焼きにするような肉や鶏は食費がかさむのでめったに使われなかった。

当時（昭和二十七年から三十年ごろ）の献立記録がどこにもないのが惜しまれる。米式調理器具で米のメシが炊けないでは駄じゃれにもならないが、そういう苦労があった。

のち海上警備隊から海上自衛隊となる、その前身の警察予備隊開設時から一般隊員の食事は基本的に給与（給料を中心にした国費としての支弁）にふくめて支給することが決められていて、食費の日額の範囲内でやりくりするので献立づくりに担当者は苦心した。カレーは贅沢なメニューに類するが、あるていど品数はないと隊員は満足しない。

このころは〝日給月給〟（俗語）と言って、ようするに、身分は国家公務員の特別職であるが、保安隊員や海上警備隊員と言っても日雇いのように給料は日数単位だった。二月は手取りが少ない。閏年は一日分多いので喜ばれた。

⚓海上部隊の食器〝テッパン〟採用と基本献立をめぐる知恵の出し合い

海上自衛隊の艦内食事には付随するもう一つの問題があった。

烹炊所（調理室）内に装備する鍋釜など給食機器のことは前記したが、隊員たちが食べる食器をどうするかだった。

海軍時代といっても明治から昭和までの変遷があって、時代により食器も異なる。それを書くと長くなるので、戦時中の状況を引き合いにして、海上自衛隊の食器について記す。

変遷の中で一つだけ面白い話を紹介すれば、明治時代は下士官・兵が個人で使う食器は被服の一部として購入させ、転勤のときも持ち歩いていたことである。箸も自分のものを持って転勤した。その後、下士官・兵の食器は艦営需品といって官給品扱いになる。士官が昭和時代も転勤のときは〝マイ箸〟を持って歩いたのは昔の名残かもしれない。

昭和期の下士官・兵の通常の食器は琺瑯《ほうろう》引きの丸い容器大中と陶磁器（飯用、汁物、お茶用）がセットになっていて、献立に応じて使い分けていた。

食器は旧海軍の需品でもどこかに残っていないかと担当者が考えているとき、案ずるより産むが易しで、アメリカから貸与されたフリゲート艦や上陸支援艇を受け取ってみると、兵員が使っていたステンレス製のトレイも一緒についていて海上警備隊ではびっくりした。日本ではステンレスはめずらしかった。不銹鋼というクロム合金の錆びない鉄製品があることは知られていたらしいが日本では開発が遅い。イギリスの考案で、ステンレスの開発は一九二一年（大正十年）にはアメリカで実用化されていた。

フリゲート艦内ギャレー（調理室）に積まれているステンレスのトレイを見ただけで「アメリカには負けるはずだ」と思った。日本ではカンピン（官用品）愛護の精神といって、とくに陸軍では戦争中飯盒でも失くそうものなら大ごとだった。

旧海軍下士官・兵の琺瑯引き食器

「アメリカに負けるはずだ」というカルチャーショックは戦後アメリカへ初めて行った海上自衛隊OBの感想によくある。連絡官として昭和四十年ごろオークランド（カリフォルニア州）へ行った先輩が最初に驚いたのはドラッグストアで売ってある歯ブラシが大きいことだったらしい。ある先輩はトイレの小便器の高さだったと言っていた。私は同じ四十年遠洋航海でサン・ディエゴに寄港して郵便を出そうとしたらポストの投函口が歩道側でなく車道側を向いていることだった。

それはさておき、アメリカのトレイはパンやベーコンエッグ、サラダなどを一枚のステンレス製鉄板に乗せて食べる食器で、洗うのも保管も簡単である。ざっと洗って蒸気消毒器で一度に消毒、乾燥する。

それをそのまま使うことにした。まだ、海上警備隊員のメニューにはカレーは定番ではないから、カレーはどうやって食べるかなど考えていない。

その証拠になるものがないかと、横須賀の日進美研スタジオという海軍時代からの〝ご用達〟写真業者が昭和三十一年十月に編集発行した海上自衛隊草創期の写真集を探っていたら、あった！

フリゲート艦内で食事する隊員（昭和29年）

上の写真は、撮影時期は記してないが、服装などから昭和二十九年ごろのようである。食堂で食べている乗組員は明らかにトレイを使っている。しかも現在と同じようにいくつかのくぼみがあることから、米海軍のものを手本にして日本食に合わせてくぼみの数を増やしたもののようである。改良型海上自衛隊式配食トレイということであるが、ステンレス製の四方形の皿はだれいうともなく〝テッパン〟とよぶようになった。現在も、海上自衛隊で〝テッパン〟といえば、暗にこのトレイを指す。汁物とお茶だけは別碗がある。

左頁の写真で見るように、テッパンには六つのくぼみがある。プレス機械で成型したもので、ご飯の区画を中心に、副食など五品まで盛ることができる。これは草分け時代の原形と同じで、改善されたところといえば米軍仕様のものは少し重くて、食事のあと食卓番が洗って、二十枚も重ねると重すぎて持ち運びに苦労した。そこで重量を軽減するためステンレス板をすこし薄くしたぐらいである。アクリルやポリエチレン、ポリカボネードなどを素材にしてもっと軽くもできるが動揺する艦内での食事は安定性も必要で、現在の重量（一枚五百八十グラム）がいいのだろう。

呉ハイカラ食堂（大和ミュージアム前）の
潜水艦そうりゅうカレー（末永勝己氏提供）

区画が六つあるから必ず全部を埋めなければいけないものではないが、献立づくりに携わる糧食係や給養員長は基本的にトレイに盛ったときのイメージを描きながら考える。もちろん汁物は別容器になる。

食事はセルフサービスになっていて、食堂と調理室の境にある配食窓に出来上がった料理を、とりやすい順に並べ、どの料理をどこに乗せるか片隅にサンプルを置いたりする。

どれをどこに盛るかは本人の自由で、ダイエット志向者は面積の小さい箇所にご飯を盛ったりする。海軍時代とは大きな変革である。

昔は艦内に食堂区画などない。バッカン（配食缶）に飯とおかずを区分して分隊別に居住区に運んで、その都度テーブル（使わない時間帯は天井に釣ったり、たたんで壁際に固縛する）、椅子を準備して食べるのが日本海軍だった。カレーでも熱々のものは食べられない。

アメリカ海軍はそのころからカフェテリア方式だった。これもカルチャーショックだった。カレーが乗組員の嗜好に合うことはわかったが、どういうふうに盛るか、セルフサービスと言っても盛り付けに基本がある。

ところが、これも、案ずるより……で、ご飯はいつもの所に盛ってカレーをそのわきに注ぐ者、カレーが好きだといってくぼみのテレトリーを超えて隣りの中型区画サイズまでたっぷり注ぎ込む者、ご飯は少な目がよい者は小さな区画に飯を盛り、最大区画にカレーを注いだりするので心配は杞憂に過ぎなかったことがわかった。

⚓海自カレー、誕生の背景のことなど

一般市民を対象とした体験乗艦や艦内見学など広報行事でも海上自衛隊のカレーを食べてもらう機会がときおりある。食べた人たちは揃って「海上自衛隊のカレーはおいしい！　何か作り方にコツがあるのでは？」という評判が昭和五十年代初頭から出はじめた。

私が護衛艦隊司令部監理幕僚をしていた昭和五十八年には護衛艦隊全般の様子、とくに料理についての部外者の評価を聞くチャンスも多く、そのあとの配置が海幕衣糧班長という、海上自衛隊の給食全般を管理する任にあったので、部外者にもウケる食事（一部であるが）

が定着してきたことが嬉しかった。

海軍時代の教育システムの基本が海上自衛隊に継承され、その教育の本家である海上自衛隊第四術科学校（舞鶴）の教育成果が出たのだと思われる。カレーひとつとっても、「オレがつくるカレーはどこにも負けない」という研究心と自負が〝いい結果〟を生んだと言える。

カレーにはそれぞれの艦艇や陸上部隊で隠し味があるようだ。秘伝というほどではないし、一子相伝のような死にぎわに語り継ぐというほどのものでもない。もともと海上自衛隊員は転勤も頻繁にあり、口止めしたところですぐに伝わる。呉市青年会議所から戦艦大和のカレイライス復元を請われたとき、大和固有のレシピはないと答えたのは、昔の海軍でも料理のコツをわざわざ紙に書くほどのことはしなかったというだけである。

秘伝ではないが、ちょい足しの隠し味みたいなものはある。「リンゴの擂《す》り下ろしを入れる」とか「刻みラッキョウを入れる」「蜂蜜を入れる」とかは前に書いたが、近年は「仕上げに味噌少し」とか「ヨーグルト」や「牛乳」「ケチャップ」「ウスターソース」「醤油3とソース1の混合液」、なかには「チョコレートでマイルドな味に」とか「マーマレードで香りをつける」という給養担当者もいる。ちょい足し食材といっても個々の部隊で購入は出来ないので海上自衛隊の糧食補給基地（造修補給所）で契約された品目にかぎるということになる。

海上自衛隊第四術科学校はロジスティックの幅広い教育を行なっているが、給食管理（「給養」という）のメッカとしてのほうでよく知られる。

　その第四術科学校ではカレーの作り方をどういうふうに教えているのだろうか。二〇一八年当時の教育第二部給養科長教官亀井宏典三等海佐に訊いてみた。

　亀井三佐談。

「海軍経理学校は海軍主計科員の術科教育の教育機関でもありました。経理や物品管理のことも教えていましたが、現在の給養管理（給食、栄養の総合的管理業務）に当たる衣糧課程では、当然調理の技術教育もありました。築地という、部外の専門職員を招聘する地の利もあって、東京の一流プロを呼んでの実習も出来たようです。

　海軍部内にも優れた教官がいて、たとえば、戦後、大阪に料理専門学校を創り、テレビでも活躍した土井勝氏も元経理学校教官です。下士官のとき経理学校の衣糧課程で勉強し、そのまま教官として残され、優秀だったので請われて大阪の女学校などへも出張したりして料理を教えていたそうです。海軍は民間とそういう交流が盛んだったようです。

　経理学校の教務（授業）では、『学校は基本を教えるだけである。部隊ではその応用をせよ。工夫なくして向上はない』ときびしく教えていたそうです。

　カレーがいい例で、現在の海自カレーというのも、学校で教わったのは原則であってそれぞれの部隊で応用や工夫が凝らされているから話題性もあるのだと思います。四術校ではことさらカレーライスの作り方の実習はやりません。幕営と言って、夏期の訓練の一つとして野外料理もやったりするときカレーがメニューに上るくらいです。

四術校カレーという見本的なものをときどきつくりますが、あくまでもサンプルです。昭和五十年十月の開校以来、本校はそういうスタンスで、ほかの料理についても教育をしてきたようです。それが海軍の伝統だということでしょうか。海軍カレーがどんなものだったかわかりませんが、精神的なものは十分わかります」

（二〇一七年十一月二十二日、舞鶴第四術科学校で）

⚓　⚓　⚓

かくて、『海軍カレー物語』を結びとする。

巷間広まっていた海軍カレー伝説をくつがえすことを書いては来たが、海軍で給食・栄養管理にたずさわる主計科士官、下士官・兵がいかに真剣に業務改善と向上に真剣に取り組んだかの理解の一助になればさいわいである。「海軍カレー」という目に見えるモノこそ伝わらなかったが、海上自衛隊には幸いにして先人のおかげで海軍精神だけはりっぱに伝承されている。「海自カレー」にもそれが表われていると評しても言いすぎではない。

次頁は、ある主計兵（巡洋艦球磨乗組）が身内に出した戦争中の葉書で、呉市に住む太田裕子さんという葉書の主の縁者からもらったものである。十六、七歳の主計兵の勉強ぶりがこの葉書からも察せられる。

元海軍主計兵の性格を想像できる几帳面な葉書

あとがき

私には、昔から何か調べものをしようとしているときには探しているものがあたかも向こうから飛び込んでくるような不思議なことがよくある。

舞鶴の第四術科学校勤務だった昭和六十三年七月のこと「海軍肉じゃが」のルーツは海軍にあるのではないか、という質問が某テレビ局のディレクターからあり、「そういう筋書きで番組づくりを企画しているので根拠になる資料をお願いします」ということだった。よくあるヤラセではないかと警戒し、「ちょっと待ってくださいよ。そんな……調べてみないと何とも言えません」と内心ではディレクターの期待には応えられないだろうと思いながらも、とりあえずこれから見てみようと、学校図書室の飾り棚に保管して普段はカギがかけてあって閲覧できない海軍経理学校の教科書『海軍厨業管理教科書』（昭和十二年）を取り出してみた。

無作為に最初に開《あ》いたページに牛肉とジャガイモを使った「甘煮」の作り方が記されてい

た。肉じゃがとは書いてないが、ざっと材料と手順を見ると、まさしく「肉じゃが」！「甘煮」とあるが、間違いない！　それが「肉じゃがは海軍発祥」との最初の出遭いになった。当然、それで早とちりしてはいけないので、そのあと数日かけて明治時代の民間の料理書を調べた。京都図書館にも行き、古い時代の料理書を徹底的に調べ、同類の料理はその時期にはないのを確認したことは言うまでもない。

本書を書く上でも似たようなことがあった。海軍主計中佐だった瀬間喬氏の著作や昔直接同氏から聞いた話はこれまでも貴重な参考資料になっている。同氏には『帝国海軍の素顔』（海文堂）という海軍主計長の目で見た海軍生活を軽妙な筆致でつづったエッセーがあり、とくに『素顔の帝国海軍』はその続編、さらに「続々」編もあって昭和時代の海軍を背景とした食生活状況がよくわかる。そのうち「続……」だけは昔読んだ記憶はあるが手持ちはなかった。十数年前のこと、宮内庁勤めだった横浜に住む瀬間氏のご息女瀬間由美子氏に尋ねたら、「シリーズ本でどれも似たような表紙なので〝続〟はうっかり手放してしまったらしく一冊もないんです」と申し訳ないという返事だった。

今回本書を書くにあたってそれも手近に置いておきたいと思うが、なにぶん四十年以上前発刊の本である。図書館にもありそうにない。発行元の神田神保町の海文堂出版㈱と同じ会社名は現在文京区にあるようだが、照会するにも年数が経ちすぎている。

そんなときの平成二十九年八月、眼科検査の帰り道にふと立ち寄った広島市内の古書店の棚にナント『続・素顔の帝国海軍』があるではないか！　昭和五十一年二月発行、二百五十ページの単行本で三百二十円。裏表紙にある元値は九百六十円となっていて、紙質の劣化も加わって四十一年の経年は感じられるが、傷んでもいない。とりあえず購入した。

そのあとがある。

急ぐこともないのでひと月ばかり寝かせていた。

だいたい内容は想像できるので、必要なときに、という気でいたが、置いてある位置を移すついでに何気なく後ろからめくった巻末の三ページ前に、

「私は生来カレーライスが好きなので、点検食のときは『みんな食うぞ』と言って飯は点検せずカレーを全部たいらげることにしていた。そうすると烹炊員たる主計兵たちはそれに気づいてか、その次からカレーのときは主計長の点検食だけ食器にカレーをいっぱい入れて持ってくるようになる。私が全部食べるのを嬉しそうに見ているが、食べ終わって『うまかったぞ』と言うと『ハイ』と言って敬礼をし、喜びの表情を体いっぱいに表しつつ点検箱を下げて帰っていた。こんな兵員たちのためには、自分でできることは何でもやってやろうと思ったものである」

という一文が、それこそ文字のほうから私の目に飛び込んできた。

瀬間氏はここでカレーのことを書きたかったのではなく、巻末の、その前後の文脈から、海軍の食事の衛生管理について書いたものであるが、同氏の経歴と照合し、昭和十年から十四年ごろの海軍艦艇で食べるカレーライスも想像できた。

海軍では点検食といって、兵員の毎回の食事について、出来上がった直後に各献立を少量ずつ副長、軍医長、主計長の三人に、献立内容、味付け、衛生状況などを検査してもらう制度があった。海軍では食事についても厳格な衛生管理がされていたことはあまり知られていない。グルメを追いかけてばかりいたのではない。

瀬間氏の著書にはあちこちに脱線があって、中には「ここは退屈するので飛ばして読んでも一向に差し支えない」などと書いてあったりするが、「読まなくていい」とあるとなおさら読みたくなる。また、そういうところに本筋とは違う海軍の体質の発見もある。

「飛ばして……」といえば、氏の著書『わが青春の海軍生活』（海文社）に「艦内でビールを飲んで、ついつい近くにある上甲板の測鉛台（注：フネのへさきに付いた折り畳み式の水深を測る台）から小便を飛ばしたら、甲板係が飛んできて、『主計長、危ないからそれだけはやめてください』とたしなめられた」と書いてある。練習艦「香取」主計長のときのことらしい。

私と同じ肥後熊本の出身で、熊本県民には肥後モッコスといってちょっとへそ曲がりで頑固な郷土人体質があるが、瀬間氏は本格的な肥後モッコスで、だれが何といおうと「海軍はよかった」の代表だった。

私のこの本にもあちこちに脱線があるのは肥後モッコスのＤＮＡによるものかもしれないが、余談を交えた中から、海軍カレーを取り巻く食文化と海軍の体質の一端を理解してもらえればカレーを食べるときにひと味違ってくるのではないかと思う。

私はカレーをつくるとき、そのまま市販のルウ（ペースト）を使うようなことはしない。何か手を加えて自分なりの納得のいく、塩分が少なく、どこか違うカレーライスをつくることを心がけている。「モッコスカレー」と名づけてもいいかもしれない。

高森直史

【参考にした主な出版物等】『海軍割烹術参考書』海軍・舞鶴海兵団（明治四十二年）。『海軍五等主厨厨業教科書』海軍教育本部（大正七年）。『海軍研究調理献立集』海軍経理学校（昭和七年）。『海軍厨業管理教科書』海軍経理学校（昭和十二年）。『第一艦隊献立調理特別努力週間献立集』第一艦隊司令部（昭和十四年）。『日本海軍食生活史話』瀬間喬（海援舎、昭和六十年）。『素顔の帝国海軍』瀬間喬（海文社、昭和四十九年）。『続・素顔の帝国海軍』瀬間喬（海文社、昭和五十一年）。『続々・素顔の帝国海軍』瀬間喬（海文社、昭和五十二年）。『近代日本食文化年表』小菅桂子（雄山閣、平成九年）。『カレーライスの誕生』小菅桂子（講談社、平成十四年）。『にっぽん洋食物語大全』小菅桂子（ちくま文庫、平成二十九年）。『カレーライスと日本人』森枝卓士（講談社、平成元年）。『幻の黒船カレーを追え』水野仁輔（小学館、平成二十九年）。『海軍めしたき物語』高橋孟（新潮社、昭和五十四年）。『海軍めしたき総決算』高橋孟（新潮社、昭和五十六年）。『復刻・軍隊調理法』（昭和十二年発行版の平成四年復刻、昭和五十七年）。『日本陸軍 兵営の食事 藤田昌雄（潮書房光人社、平成二十一年）

単行本　平成三十年六月「海軍カレー伝説」改題　潮書房光人新社刊

NF文庫

海軍カレー物語

二〇二二年十一月二十四日　第一刷発行
著　者　高森直史
発行者　皆川豪志
発行所　株式会社　潮書房光人新社
〒100-8077　東京都千代田区大手町一-七-二
電話／〇三-六二八一-九八九一代
印刷・製本　凸版印刷株式会社
定価はカバーに表示してあります
乱丁・落丁のものはお取りかえ致します。本文は中性紙を使用
ISBN978-4-7698-3286-7　C0195
http://www.kojinsha.co.jp

NF文庫

刊行のことば

第二次世界大戦の戦火が熄《や》んで五〇年――その間、小社は夥しい数の戦争の記録を渉猟し、発掘し、常に公正なる立場を貫いて書誌とし、大方の絶讃を博して今日に及ぶが、その源は、散華された世代への熱き思い入れであり、同時に、その記録を誌して平和の礎とし、後世に伝えんとするにある。

小社の出版物は、戦記、伝記、文学、エッセイ、写真集、その他、すでに一、〇〇〇点を越え、加えて戦後五〇年になんなんとするを契機として、「光人社NF（ノンフィクション）文庫」を創刊して、読者諸賢の熱烈要望におこたえする次第である。人生のバイブルとして、心弱きときの活性の糧《かて》として、散華の世代からの感動の肉声に、あなたもぜひ、耳を傾けて下さい。